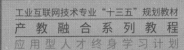 

工业互联网技术专业"十三五"规划教材
产教融合系列教程
应用型人才终身学习计划

工业互联网
人才培养方案

主　编　张明文　高文婷
副主编　王　伟　王璐欢　顾三鸿　宁　金
编　审　何定阳　娜木汗　李　闻　李　夏

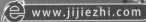
www.jijiezhi.com
教学视频+电子课件+技术交流

哈尔滨工业大学出版社
HARBIN INSTITUTE OF TECHNOLOGY PRESS

内 容 简 介

本书针对高职、本科全日制人才培养需求，阐述了工业互联网专业人才的培养目标、知识结构、课程规划与教学安排、专业核心课程与专业实践课程规划等，通过基础课程、专业课程和实践课程相结合，加强学生专业知识和职业技能的培养，旨在促进学生综合职业能力的发展；针对工业互联网行业相关工程师人才培养需求，重点介绍了培养其工作岗位所必备的职业技术能力，以及培养工业互联网技术人员所需要的相关专业设备，同时提出了一种工业互联网人才评价考核的思路。

本书为工业互联网人才培养提供了解决方案，可供职业类院校和高等院校工业互联网相关专业的教师、工业互联网培训机构的讲师和管理人员阅读，也可供从事工业互联网相关行业的教学研究人员参考。

图书在版编目（CIP）数据

工业互联网人才培养方案 / 张明文，高文婷主编
—哈尔滨：哈尔滨工业大学出版社，2021.3
产教融合系列教程
ISBN 978-7-5603-9342-1

Ⅰ.①工… Ⅱ.①张… ②高… Ⅲ.①互联网络－应用－工业发展－人才培养－教材 Ⅳ.①F403-39

中国版本图书馆 CIP 数据核字（2021）第 014402 号

策划编辑	王桂芝　张　荣
责任编辑	张　荣
出版发行	哈尔滨工业大学出版社
社　　址	哈尔滨市南岗区复华四道街 10 号 邮编 150006
传　　真	0451-86414749
网　　址	http://hitpress.hit.edu.cn
印　　刷	哈尔滨市石桥印务有限公司
开　　本	787mm×1092mm　1/16　印张 9.25　字数 220 千字
版　　次	2021 年 3 月第 1 版　2021 年 3 月第 1 次印刷
书　　号	ISBN 978-7-5603-9342-1
定　　价	45.00 元

（如因印装质量问题影响阅读，我社负责调换）

编审委员会

主　　任　张明文

副 主 任　高文婷　王　伟

委　　员　（按姓氏首字母排序）

　　　　　　董　璐　高文婷　顾三鸿　何定阳
　　　　　　华成宇　黄建华　李金鑫　李　闻
　　　　　　李　夏　刘华北　娜木汗　宁　金
　　　　　　潘士叔　滕　武　王　伟　王　艳
　　　　　　夏　秋　霰学会　杨浩成　尹　政
　　　　　　喻　杰　张盼盼　章　平　郑宇琛
　　　　　　周明明

前　言

工业互联网是互联网和新一代信息技术与工业系统全方位深度融合所形成的产业和应用生态，是工业智能化发展的关键综合信息基础设施。新一轮科技革命和产业变革蓬勃兴起，工业经济数字化、网络化、智能化发展成为第四次工业革命的核心内容。工业互联网作为数字化转型的关键支撑力量，正在全球范围内不断颠覆传统制造模式、生产组织方式和产业形态，推动传统产业加快转型升级、新兴产业加速发展壮大。同时也带来了新的人才培养挑战，尤其是对培养方案、教材和教学方法提出了深刻挑战。

工业互联网人才培养体系的建成需要各方共同努力，共建全国性工业互联网人才培养生态，各方优势互补、分工协作，共同推动我国工业互联网人才培养的实施，提高人才培养的质量与效率。工业互联网将有助于推动现有课程体系、知识结构的更新迭代，重塑专业设计、人才培养方案和知识体系，为人才增能，以适应制造业创新发展带来的人才能力需求新变化、新要求。

工业互联网是"中国制造 2025"的重要组成部分。"中国制造 2025"的主攻方向是智能制造，以推动信息技术与制造技术融合为重点，强调互联网技术在未来智能制造工业体系中的应用。在工业互联网与制造业融合的关键阶段，越来越多企业面临"设备易得、人才难求"的尴尬局面，所以，要实现"互联网+先进制造业"，人才培育要先行。国务院《深化"互联网+先进制造业"发展工业互联网的指导意见》指出，要加快工业互联网人才培育，补齐人才结构短板，充分发挥人才支撑作用。为了更好地推广工业互联网的技术应用，补齐人才结构短板，亟须编写一本系统的工业互联网人才培养方案。

本书首先介绍工业互联网产业概况以及工业互联网建设的意义，进而介绍工业互联网的功能体系和应用的主要技术。然后从工业互联网的人才需求出发，分别阐述工业互联网的人才现状、人才分类，并首次归纳提出了工业互联网的"三体五层"架构，"三体"是"三大体系"，包括网络体系、平台体系、安全体系；"五层"是"五层功能"，包括网络层、边缘层、平台层、应用层和安全层。围绕"三体五层"架构，列举工业互联网行业中部分重点岗位。紧接着又围绕岗位人才需求，重点介绍"五层功能"的人才培养方案，针对工业互联网专业建设，进行了相应的专业课程规划，并列举工业互联网相关专业实训室的建设方案，供各高校参考，给尚处于探索中的工业互联网人才培养进程指明了一条方向。书末列举 6 个工业互联网相关岗位，供读者参考学习，并给出工业互联人才能力提升的建议和方式。

　　本书图文并茂、通俗易懂，以理论为主，重点围绕工业互联网"三体五层"架构展开讲解工业互联网特点、工业互联网人才特点及人才短缺现状，并给出一套人才培养方案供各高校参考。同时，根据江苏哈工海渡多年的经验，给出工业互联网专业实训室建设方案。实训室建设的基本原则是总体规划、分步实施，各高校可充分利用现有实验和实训设备，逐步、逐年进行完善。鉴于工业互联网行业的特殊性，为了提高教学效果，在学生专业培养和教学方法上，建议采用启发式教学、开放性学习，重视小组讨论；在学习过程中，建议结合本书配套的教学辅助资源，如教学课件及视频素材、教学参考与拓展资料等。

　　限于编者水平，书中难免存在疏漏及不足之处，敬请读者批评指正。任何意见和建议可反馈至 E-mail:edubot_zhang@126.com。

编　者

2020 年 12 月

目 录

第1章 工业互联网产业概况 ··· 1

1.1 工业互联网国外发展概况 ··· 1
- 1.1.1 美国：工业互联网 ··· 1
- 1.1.2 德国：工业4.0 ·· 4
- 1.1.3 日本：互联工业 ··· 7

1.2 国内工业互联网发展概况 ·· 9
- 1.2.1 "中国制造2025" ·· 9
- 1.2.2 工业互联网的提出 ·· 11
- 1.2.3 工业互联网发展现状 ··· 13

1.3 工业互联网建设意义 ·· 14
- 1.3.1 产业政策 ··· 14
- 1.3.2 产业发展方向 ·· 15
- 1.3.3 建设意义 ··· 17

第2章 工业互联网技术基础 ··· 18

2.1 工业互联网概述 ··· 18
- 2.1.1 工业互联网定义 ·· 18
- 2.1.2 工业互联网组成 ·· 18

2.2 工业互联网功能体系 ·· 19
- 2.2.1 网络体系 ··· 20
- 2.2.2 平台体系 ··· 23
- 2.2.3 安全体系 ··· 25

2.3 工业互联网主要技术 ·· 27
- 2.3.1 工业互联网网络技术 ··· 27
- 2.3.2 工业互联网平台技术 ··· 31
- 2.3.3 工业互联网安全技术 ··· 40

第 3 章 工业互联网人才需求 ... 43

3.1 工业互联网人才现状 ... 43
3.1.1 人才现状 ... 43
3.1.2 人才需求 ... 43

3.2 工业互联网人才分类 ... 44
3.2.1 学术型 ... 45
3.2.2 工程型 ... 45
3.2.3 技术型 ... 46
3.2.4 技能型 ... 46

3.3 "三体五层"架构 ... 46

3.4 工业互联网岗位需求 ... 47
3.4.1 网络层 ... 47
3.4.2 边缘层 ... 47
3.4.3 平台层 ... 48
3.4.4 应用层 ... 48
3.4.5 安全层 ... 49

第 4 章 工业互联网人才培养方案 ... 50

4.1 人才培养方案 ... 50
4.1.1 网络层人才培养 ... 50
4.1.2 边缘层人才培养 ... 51
4.1.3 平台层人才培养 ... 52
4.1.4 应用层人才培养 ... 53
4.1.5 安全层人才培养 ... 53

4.2 专业课程规划 ... 54
4.2.1 专业课程构架 ... 54
4.2.2 专业核心课程 ... 56
4.2.3 专业实践课程 ... 88

第 5 章 工业互联网人才评价 ... 107

5.1 人才评价概述 ... 107
5.1.1 评价概念 ... 107
5.1.2 评价原则 ... 107

5.2 人才评价方法 ... 108

  5.2.1 评价体系 ·· 108
  5.2.2 评价标准 ·· 109
  5.2.3 评价机制 ·· 116
  5.2.4 评价工具 ·· 117

第6章 工业互联网人才与未来 ·· 124
6.1 工业互联网相关岗位 ·· 124
  6.1.1 工业互联网嵌入式开发工程师 ··· 124
  6.1.2 工业互联网边缘计算实施工程师 ··· 125
  6.1.3 工业互联网标识解析系统集成工程师 ··· 126
  6.1.4 工业大数据工程师 ·· 126
  6.1.5 工业APP开发工程师 ·· 127
  6.1.6 工业互联网解决方案系统集成工程师 ··· 128
6.2 工业互联网人才未来 ·· 129
  6.2.1 人才能力提升建议 ·· 130
  6.2.2 人才能力提升方式 ·· 131

参考文献 ·· 134

第1章 工业互联网产业概况

当前,以数字化、网络化、智能化为本质特征的第四次工业革命正在兴起。工业互联网作为新一代信息技术与制造业深度融合的产物,通过对人、机、物的全面互联,构建起全要素、全产业链、全价值链全面连接的新型生产制造和服务体系,其既是数字化转型的实现途径,也是实现新旧动能转换的关键力量。为抢抓新一轮科技革命和产业变革的重大历史机遇,世界主要国家和地区加强了制造业数字化转型和工业互联网战略布局,全球领先企业积极行动,产业发展新格局正孕育形成。

1.1 工业互联网国外发展概况

为了确保在未来新一轮工业发展浪潮中抢占先机,维持国际制造业竞争中的优势地位,美国、德国、日本等主要工业强国纷纷布局工业互联网。美国由顶尖企业引领,提出工业互联网的概念;德国依靠自身装备制造

※ 工业网互联网国外发展概况

领域的深厚积累,提出"工业4.0"来对标美国工业互联网;日本基于自身社会现实,实施"互联工业"战略,建设符合日本实际的工业互联网体系。

1.1.1 美国:工业互联网

1. 背景

20世纪80年代以来,随着经济全球化、国际产业转移及虚拟经济不断深化,美国产业结构发生了深刻的变化,制造业日益衰退,"去工业化"趋势明显。虽然美国制造业增加值逐年提高,但制造业增加值占国内生产总值的比重却在逐年下降。

2008年金融危机后,美国意识到了发展实体经济的重要性,提出了"再工业化"的口号,主张发展制造业,减少对金融业的依赖,如图1.1所示。

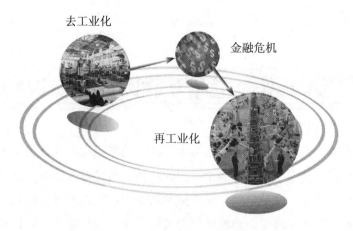

图 1.1 美国工业互联网的提出背景

2. 工业互联网概念的提出

2012 年,"工业互联网"的概念由美国通用电气公司首先提出,目标是通过智能机器之间的全面互联达成设备与设备之间的数据连通,让机器、设备和网络能在更深层次与信息世界的大数据和分析连接在一起,最终实现通信、控制和计算的集合。在实现手段上,美国工业互联网概念注重软件、网络、数据等信息对企业经营与顶层设计的增强。

2014 年,通用电气公司推出 Predix 工业互联网平台,实现了工业互联网在制造业企业的应用。

3. 发展概况

2011 年 6 月,美国启动"先进制造伙伴计划",2012 年 2 月进一步提出"先进制造业国家战略计划",鼓励发展高新技术平台、先进制造工艺、数据基础设施等工业互联网基础技术。

2013 年 1 月,美国提出《国家制造业创新网络初步设计》,组建美国制造业创新网络平台,并在平台上推动数字化制造等高端制造发展。

2014 年 3 月,美国制造业龙头企业和政府机构牵头成立工业互联网联盟组织(Industrial Internet Consortium,IIC),合力进行工业互联网的推广及标准化工作。工业互联网联盟开发了 9 种旨在展示工业互联网应用的"Testbed"测试平台以推广工业互联网应用,给各企业提供测试工业互联网技术的有效工具。工业互联网联盟同时开发了工业互联网参考架构模型(Industrial Internet Reference Architecture,IIRA)和标准词库(Industrial Internet Vocabulary),为标准化的发展奠定了基础。

2019 年 6 月,工业互联网联盟公布了工业互联网参考架构 IIRA 1.9,进一步完善了工业互联网标准化体系建设,如图 1.2 所示。该参考架构对工业互联网关键属性、跨行业共性的架构问题和系统特征进行分析,并将分析结果通过模型等方式表达出来,因此该架构能广泛地适用于各个行业。

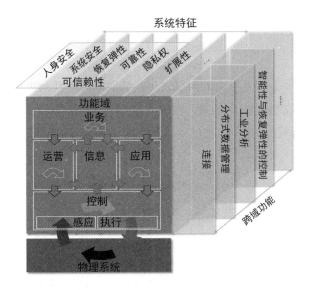

图 1.2 美国工业互联网参考架构 IIRA 1.9

在工业互联网联盟等组织的推动下,美国工业互联网标准化稳步推进,为未来的全面互联提供了良好的契机。美国工业互联网的发展概况见表 1.1。

表 1.1 美国工业互联网发展概况

时间	事 件
2012 年	通用电气公司发布《工业互联网:突破智慧和机器的界限》白皮书,首次提出"工业互联网"的概念
2013 年	美国政府发布《国家制造业创新网络:一个初步设计》,提出组建制造业创新网络的初步框架
2014 年	通用电气公司推出 Predix 工业互联网平台,实现了工业互联网在制造业企业内的应用
2014 年	美国政府发布《振兴美国先进制造业》报告,鼓励发展高新技术平台、先进制造工艺、数据基础设施等工业互联网基础技术
2014 年	工业互联网联盟成立,目前该联盟已汇聚 33 个国家/地区近 300 家成员单位,主要包括工业自动化解决方案企业、制造企业,以及信息通信企业
2015 年	工业互联网联盟发布工业互联网参考架构 IIRA 1.0 版本,致力于协助工业互联网解决方案架构设计,以及可互操作的工业互联网系统的部署
2016 年	工业互联网联盟发布工业互联网安全框架,用于指导企业进行工业互联网安全措施部署
2019 年	工业互联网联盟发布最新的工业互联网参考架构 IIRA 1.9 版本,进一步完善了工业互联网标准化体系建设

1.1.2 德国：工业 4.0

1. 背景

德国是装备制造业最具竞争力的国家之一，长期专注于复杂工业流程的管理和创新，其在信息技术方面也有极强的竞争力，在嵌入式系统和自动化工程方面处于世界领先地位。为了稳固其工业强国的地位，德国对本国工业产业链进行了反思与探索，"工业 4.0"构想由此产生。

2. 工业 4.0 的提出

2011 年 11 月，德国政府发布《高技术战略 2020》，作为该战略的一个重要组成部分，工业 4.0 的概念被首次提出。

在 2013 年 4 月的汉诺威工业博览会上，德国联邦教研部与联邦经济技术部正式推出以智能制造为主导的第四次工业革命，即工业 4.0，并将其纳入国家战略。工业 4.0 提出基于信息物理系统（Cyber-Physical Systems，CPS）实现工厂智能化生产，让工厂直接与消费需求对接。

CPS 是一个综合了计算、通信、控制技术的多维复杂系统，如图 1.3 所示。CPS 将物理设备连接到互联网上，让物理设备具有计算、通信、精确控制、远程协调和自治等五大功能，从而实现虚拟网络世界与现实物理世界的融合。CPS 可将资源、信息、物体及人紧密联系在一起，如图 1.4 所示。

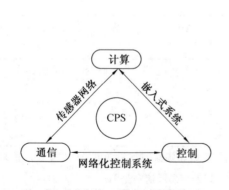

图 1.3　信息物理系统组成

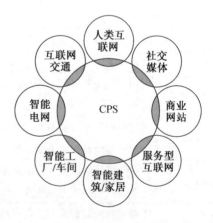

图 1.4　信息物理系统网络

在智能工厂中，CPS 将现实世界以网络连接，采集分析设计、开发、生产过程中的数据，构成自律的动态智能生产系统。在 CPS 中，每个工作站（工业机器人、机床等）都能够在网络上实时互联，根据信息自主切换最佳的生产方式，最大限度地杜绝浪费。德国工业 4.0 更加关注现实生产层面的效率提高和智能化，与美国关注网络和互联的工业互联网概念有所区别。工业 4.0 的概念内涵如图 1.5 所示。

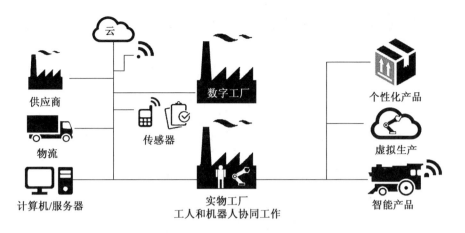

图 1.5 工业 4.0 的概念内涵

工业 4.0 将无处不在的传感器、嵌入式终端系统、智能控制系统、通信设施通过 CPS 形成智能网络，使人与人、人与机器、机器与机器以及服务与服务之间能够互联，从而实现纵向集成、数字化集成和横向集成。

（1）纵向集成。纵向集成关注产品的生产过程，力求在智能工厂内通过联网建成生产的纵向集成。

（2）数字化集成。数字化集成关注产品整个生命周期的不同阶段，包括设计与开发、安排生产计划、管控生产过程及产品的售后维护等，实现各个阶段之间的信息共享，从而达成工程数字化集成。

（3）横向集成。横向集成关注全社会价值网络的实现，从产品的研究、开发与应用拓展至建立标准化策略、提高社会分工合作的有效性、探索新的商业模式以及考虑社会的可持续发展等，从而达成德国制造业的横向集成。

3．工业 4.0 的发展

德国行业联合会与政府紧密合作，在推广工业 4.0 的过程中起到重要作用。2013 年 4 月，德国机械及制造商协会、德国信息技术、通信与新媒体协会、德国电子电气制造商协会等行业协会合作设立了"工业 4.0 平台"，作为德国工业互联战略的合作组织。该平台向德国政府提交了平台工作组的最终报告——《保障德国制造业的未来——关于实施工业 4.0 战略的建议》，明确了德国在向工业 4.0 进化的过程中要采取双重策略，即成为智能制造技术的主要供应商和 CPS 的领先市场。

德国工业 4.0 平台主要从以下三个方面积极推动工业 4.0 的发展。

（1）在线图书馆作为工业 4.0 知识传播的节点，汇集了最新的工业知识以及相关研究成果和政府政策，为企业应用提供参考。

（2）用户案例及"工业 4.0 地图"集中展示了工业 4.0 在德国以及其他国家的成功应用，让公众了解到工业 4.0 的最新进展。

（3）广泛开展国际合作，平台与中国、美国、日本等大国均建立了合作关系，让工业 4.0 概念走向世界，成为国际性议题。

2015 年，在德国工业 4.0 平台的努力下，德国正式提出了工业 4.0 的参考架构模型（Reference Architectural Model Industrie 4.0，RAMI 4.0），如图 1.6 所示。

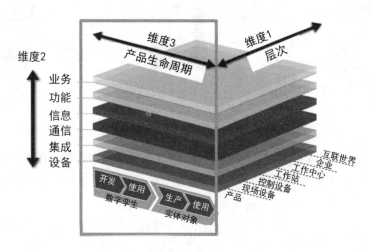

图 1.6　工业 4.0 参考架构模型（RAMI 4.0）

RAMI 4.0 模型由三个维度组成：

（1）维度 1 由个体工厂拓展至"互联世界"，体现了工业 4.0 针对产品服务和企业协同的要求。

（2）维度 2 描述了 CPS 的层级，以及各层级的功能。

（3）维度 3 从产品生命周期视角出发，描述了以零部件、机器和工厂为典型代表的工业生产要素从数字孪生到实体对象的全过程，强调了各类工业生产要素都要有虚拟和实体两个部分，体现了全要素数字孪生的特征。

4. 德国工业 4.0 与美国工业互联网的关系

德国工业 4.0 和美国工业互联网虽然在名称上不同，但在本质上两者具有一致性，强调的都是加强企业信息化、智能化和一体化的建设。

2017 年 9 月，美国工业互联网联盟与德国工业 4.0 平台共同发布了一份关于美国工业互联网和德国工业 4.0 对接分析的白皮书，指出美国工业互联网与德国工业 4.0 在概念、方法和模型等方面有不少相互对应和相似之处，而差异之处的互补性也很强，相互之间可以取长补短。未来两国会在工业互联网领域加强国际合作，合力推动国内和国际工业互联网以及智能制造的发展。

1.1.3 日本：互联工业

1. 背景

制造业面临的竞争压力促使日本提出符合自身需要的工业互联网概念。日本面临人口老龄化、劳动人口不足的问题，来自美国和德国的先进制造业竞争使得日本企业压力巨大，工业互联网和工业4.0概念的提出给日本提供了战略上的参考。基于现实压力和自身在技术上的积累，日本于2017年3月在德国汉诺威通信展会上正式提出"互联工业"（Connected Industries）的概念。

2. 互联工业的内容

作为日本国家战略层面的产业愿景，互联工业强调"通过各种关联，创造新的附加值的产业社会"，包括物与物的连接、人和设备及系统之间的协同、人和技术相互关联、已有经验和知识的传承，以及生产者和消费者之间的关联。在整个数字化进程中，需要充分发挥日本优势，构筑一个以解决问题为导向、以人为本的新型产业社会。

日本互联工业有三个核心内容：

（1）人与设备和系统交互。

（2）通过合作与协调解决工业新挑战。

（3）积极培养具有数字化意识和能力的高级人才。

与美国工业互联网、德国工业4.0更关注企业内部的互联与智能化不同，日本互联工业另辟蹊径，关注企业之间的互联、互通，从而提升全行业的生产效率。

3. 工业价值链参考架构

与美国工业互联网参考架构IIRA、德国工业4.0框架RAMI 4.0类似，日本也于2016年12月发布了自身的互联工业参考架构——工业价值链参考架构（Industrial Value Chain Reference Architecture，IVRA）。

IVRA将智能制造单元（Smart Manufacturing Unit，SMU）作为互联工业微观层面的基本单元，如图1.7所示，多个智能制造单元按管理、活动、资产三个维度组合，形成通用功能模块，企业根据自身需要使用通用模块以达成企业所需的实际功能。IVRA使用"宽松定义标准"，首先改进现有系统，而非完全创立一个全新的复杂互联体系，避免了企业大幅度更改生产方式带来的运营风险。

智能制造单元包含资产、活动、管理三个视角：

（1）资产视角向生产组织展示该智能制造单元的资产或财产，包括人员、过程、产品和设备四种类型，这与RAMI 4.0模型中的资产基本一致。

（2）活动视角涉及该智能制造单元的人员和设备所执行的各种活动，包括"计划、执行、检验、改善"活动的不断循环。

（3）管理视角说明该智能制造单元实施的目的，并指出管理要素"质量、成本、交付、环境"之间的关系。

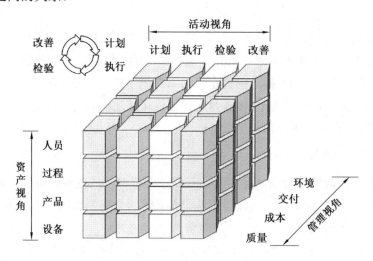

图 1.7　工业价值链参考架构（IVRA）的智能制造单元

4. 互联工业重点发展领域

为了推进互联工业，日本经济产业省提出了"东京倡议"，确立了今后五个重点领域的发展：自动驾驶和移动服务、制造业和机器人、生物技术与材料、工厂/基础设施安保和智慧生活，如图 1.8 所示。

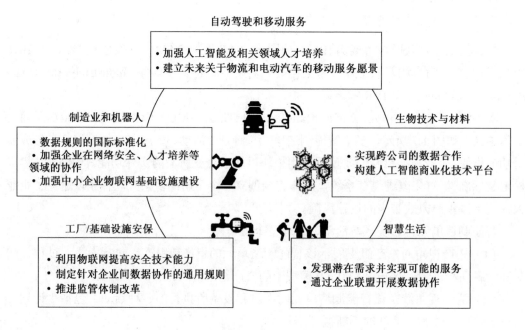

图 1.8　互联工业五个重点发展领域

1.2 国内工业互联网发展概况

1.2.1 "中国制造 2025"

制造业是国民经济的基础,是科技创新的主战场,是立国之本、兴国之器、强国之基。当前,全球制造业

※ 工业网互联网国内发展概况

发展格局和我国经济发展环境发生重大变化,因此必须紧紧抓住当前难得的历史机遇,突出创新驱动,优化政策环境,发挥制度优势,实现中国制造向中国创造转变,中国速度向中国质量转变,中国产品向中国品牌转变。

1. "中国制造 2025"的提出背景

中国制造业规模位列世界第一,门类齐全、体系完整,在支撑中国经济社会发展方面发挥着重要作用。在制造业重新成为全球经济竞争制高点、中国经济逐渐步入中高速增长新常态、中国制造业亟待突破大而不强旧格局的背景下,"中国制造 2025"应运而生。

2014 年 10 月,中国和德国联合发表了《中德合作行动纲要:共塑创新》,重点突出了双方在制造业就"工业 4.0"计划的携手合作。双方以中国担任 2015 年德国汉诺威消费电子、信息及通信博览会合作伙伴国为契机,推进两国在移动互联网、物联网、云计算、大数据等领域的合作。

借鉴德国的工业 4.0 计划,我国主动应对新一轮科技革命和产业变革,在 2015 年出台《中国制造 2025》行动纲领,并在部分地区已经展开了试点工作。

2. "中国制造 2025"的内容

(1)"三步走"战略。

"中国制造 2025"提出中国从制造业大国向制造业强国转变的战略目标,通过信息化和工业化深度融合来引领和带动整个制造业的发展。通过"三步走"实现我国的战略目标:

第一步,力争用十年时间,迈入制造强国行列。到 2025 年,制造业整体素质大幅提升,创新能力显著增强,全员劳动生产率明显提高,工业化和信息化融合迈上新台阶。

第二步,到 2035 年,我国制造业整体达到世界制造强国阵营中等水平。创新能力大幅提升,重点领域发展取得重大突破,整体竞争力明显增强,优势行业形成全球创新引领能力,全面实现工业化。

第三步,新中国成立一百年时,制造业大国地位更加巩固,综合实力进入世界制造强国前列。制造业主要领域具有创新引领能力和明显竞争优势,建成全球领先的技术体系和产业体系。

(2)基本原则和方针。

围绕实现制造强国的战略目标,"中国制造 2025"明确了四项基本原则和五项基本方

针,如图 1.9、图 1.10 所示。

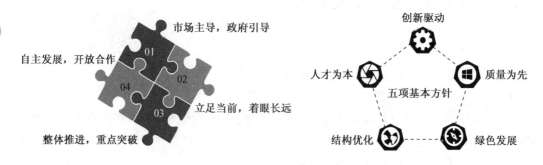

图 1.9　四项基本原则　　　　　图 1.10　五项基本方针

（3）五大工程。

"中国制造 2025"将重点实施五大工程,如图 1.11 所示。

➢ 国家制造业创新中心建设工程。重点开展行业基础和共性关键技术研发、成果产业化、人才培训等工作；2015 年建成 15 家,2020 年建成 40 家制造业创新中心。

➢ 智能制造工程。开展新一代信息技术与制造装备融合的集成创新和工程应用；建立智能制造标准体系和信息安全保障系统等。

➢ 工业强基工程。以关键基础材料、核心基础零部件（元器件）、先进基础工艺、产业技术基础为发展重点。

➢ 绿色制造工程。组织实施传统制造业能效提升、清洁生产、节水治污等专项技术改造；制定绿色产品、绿色工厂、绿色企业标准体系。

➢ 高端装备创新工程。组织实施大型飞机、航空发动机、智能电网、高端诊疗设备等一批创新和产业化专项、重大工程。

图 1.11　五大工程

(4) 十大重点领域。

"中国制造 2025"提出的十大重点领域，如图 1.12 所示，涉及领域无不属于高技术产业和先进制造业领域。

图 1.12　十大重点领域

1.2.2　工业互联网的提出

工业互联网是"中国制造 2025"的重要组成部分。"中国制造 2025"的主攻方向是智能制造，以推动信息技术与制造技术融合为重点，强调互联网技术在未来工业体系中的应用。"中国制造 2025"对工业互联网这一重要基础进行了具体规划：加强工业互联网基础设施建设，建设低时延、高可靠、广覆盖的工业互联网，以提升企业宽带接入信息网络的能力；在此基础上针对企业需求，组织开发智能控制系统、工业应用及故障诊断软件、传感系统和通信协议；最终实现人、设备与产品的实时联通、精确识别、有效交互与智能控制。

2015 年，十二届全国人大三次会议政府工作报告中首次提出"互联网+"计划，推动互联网、大数据、物联网与云计算和现代制造业的结合，发展新经济，实现从工业大国向工业强国的迈进。

2017 年 11 月，国务院印发《关于深化"互联网+先进制造业"发展工业互联网的指导意见》（以下简称《意见》），《意见》指出，工业互联网作为新一代信息技术与制造业深度融合的产物，日益成为新工业革命的关键支撑和深化"互联网+先进制造业"的重要基石，对未来工业发展产生全方位、深层次、革命性影响。工业互联网通过系统构建网络、平台、安全三大功能体系，打造人、机、物全面互联的新型网络基础设施，形成智能化发展的新兴业态和应用模式,是推进制造强国和网络强国建设的重要基础,是全面建成小康社会和建设社会主义现代化强国的有力支撑。

1. 发展目标

《意见》提出工业互联网的三个阶段性发展目标,如图 1.13 所示。

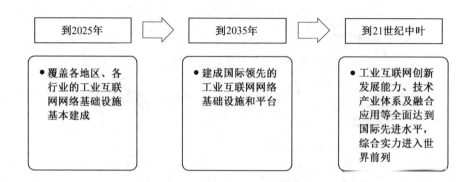

图 1.13 工业互联网的三个阶段性发展目标

2. 七项重点工程

《意见》部署了七项重点工程:

(1)工业互联网基础设施升级改造工程。组织实施工业互联网工业企业内网、工业企业外网和标识解析体系的建设升级。

(2)工业互联网平台建设及推广工程。开展四个方面建设和推广:①工业互联网平台培育;②工业互联网平台试验验证;③百万家企业上云;④百万工业 APP 培育。

(3)标准研制及试验验证工程。面向工业互联网标准化需求和标准体系建设,开展工业互联网标准研制。

(4)关键技术产业化工程。加快工业互联网关键网络设备产业化;研发推广关键智能网联装备,围绕数控机床、工业机器人、大型动力装备等关键领域,实现智能控制、智能传感、工业级芯片与网络通信模块的集成创新,形成一系列具备联网、计算、优化功能的新型智能装备;开发工业大数据分析软件。

(5)工业互联网集成创新应用工程。在智能化生产应用方面,鼓励大型工业企业实现内部各类生产设备与信息系统的广泛互联及相关工业数据的集成互通,并在此基础上发展质量优化、智能排产、供应链优化等应用。

(6)区域创新示范建设工程。开展工业互联网创新中心及产业示范基地建设。

(7)安全保障能力提升工程。打造工业互联网安全监测预警和防护处置平台、工业互联网安全核心技术研发平台及工业互联网安全测试评估平台等。

1.2.3 工业互联网发展现状

近年来,随着国家的大力投入,我国工业互联网应用实现了快速发展,工业与互联网相互融合应用发展是国内制造业和互联网行业的共同发展方向,我国工业互联网产业链围绕工业互联网不断发展。自 2017 年《国务院关于深化"互联网+先进制造业"发展工业互联网的指导意见》发布以来,我国在工业互联网行业中取得了积极进展。

1. 工业互联网新型基础设施建设体系化推进

工业互联网网络覆盖范围规模扩张。基础电信企业积极构建面向工业企业的低时延、高可靠、广覆盖的高质量外网,延伸至全国 300 多个地市。"5G+工业互联网"探索推进,时间敏感网络、边缘计算、5G 工业模组等新产品在内网改造中探索应用。标识解析国家顶级节点功能不断增强,平台连接能力持续增强。工业互联网平台超过一百个,跨行业、跨领域平台的引领作用显著。启动建设国家工业互联网大数据中心。

2. 工业互联网与实体经济的融合持续深化

当前工业互联网已渗透应用到包括工程机械、钢铁、石化、采矿、能源、交通、医疗等在内的 30 余个国民经济重点行业。智能化生产、网络化协同、个性化定制、服务化延伸、数字化管理等新模式创新活跃,有力推动了转型升级,催生了新增长点。典型大企业通过集成方式,提高数据利用率,形成完整的生产系统和管理流程应用,智能化水平大幅提升。中小企业则通过工业互联网平台,以更低的价格、更灵活的方式补齐数字化能力短板。大中小企业、一二三产业融通发展的良好态势正在加速形成。

3. 工业互联网产业新生态快速壮大

在国家政策引导下,多个省(区、市)发布了地方工业互联网发展政策文件。各地加大投入力度,支持企业上云上平台和开展数字化改造,推动建立产业投资基金。北京、长三角、粤港澳大湾区已成为全国工业互联网发展高地,东北老工业基地和中西部地区则注重结合本地优势产业,积极探索各具特色的发展路径。工业互联网产业联盟不断壮大,推进标准技术、测试验证、知识产权、产融对接等多方面合作。

4. 工业互联网安全保障能力显著提升

我国构建了多部门协同、各负其责、企业主体、政府监管的安全管理体系,通过监督检查和威胁信息通报等举措,企业的安全责任意识进一步增强;建设国家、省、企业三级联动安全监测体系,协同处置多起安全事件,基本形成工业互联网安全监测预警处置能力。通过试点示范等,带动一批企业提升了安全技术攻关创新与应用能力。

1.3 工业互联网建设意义

1.3.1 产业政策

※ 工业互联网建设意义

自国家提出"互联网+"战略以来,工业互联网就成了国内工业化和信息化深度融合的重要手段之一,也成了我国打造"工业强国""网络强国"的重要道路选择。国内工业互联网在技术和平台方面具备了一定的发展基础,现正处在打造经典示范工程、加快应用推广的阶段,后续主要需要进一步加快基础设施和平台的建设,推动标准及标识体系的建立,鼓励应用发展,建立起完整、成熟的生态体系。有条件的地区和企业在工业互联网领域的投资和应用推进都会加速进行。

党中央、国务院高度重视工业互联网发展。2019年10月18日,习近平总书记向2019工业互联网全球峰会致贺信,指出"当前,全球新一轮科技革命和产业革命加速发展,工业互联网技术不断突破,为各国经济创新发展注入了新动能,也为促进全球产业融合发展提供了新机遇。中国高度重视工业互联网创新发展,愿同国际社会一道,持续提升工业互联网创新能力,推动工业化与信息化在更广范围、更深程度、更高水平上实现融合发展。"

2020年5月22日,李克强总理在《2020年国务院政府工作报告》中指出"推动制造业升级和新兴产业发展,支持制造业高质量发展。发展工业互联网,推进智能制造,培育新兴产业集群。"2018—2020年三年政府工作报告均提到发展工业互联网,推动制造业转型升级。自2015年以来,我国政府为推动工业互联网发展先后出台的一系列政策和文件见表1.2。

表 1.2 工业互联网相关政策文件

时间	文件或政策	内容要点
2015年5月	"中国制造2025"	以加快新一代信息技术与制造业深度融合为主线,以推进智能制造为主攻方向,强化工业基础能力,提高综合集成水平,促进产业转型升级
2015年7月	国务院《关于积极推进"互联网+"行动的指导意见》	提出推动互联网与制造业融合,提升制造业数字化、网络化、智能化水平,加强产业链协作
2016年2月	成立工业互联网产业联盟	立足于为推动"中国制造2025"和"互联网+"融合发展提供必要支撑
2016年5月	国务院《关于深化制造业和互联网融合发展的指导意见》	指出制造业是"互联网+"的主战场,以建设制造业与互联网融合"双创"平台为抓手,围绕制造业与互联网融合的关键环节,实现从工业大国向工业强国迈进

续表 1.2

时间	文件或政策	内容要点
2017 年 11 月	国务院《关于深化"互联网+先进制造业"发展工业互联网的指导意见》	提出加快建设和发展工业互联网,推动互联网、大数据、人工智能和实体经济深度融合,发展先进制造业,支持传统产业优化升级
2018 年 6 月	工信部《工业互联网发展行动计划（2018—2020 年）》	提出到 2020 年底我国将实现"初步建成工业互联网基础设施和产业体系"的发展目标
2018 年 7 月	工信部《工业互联网平台建设及推广指南》	提出到2020 年,培育 10 家左右的跨行业跨领域工业互联网平台和一批企业级工业互联网平台
2019 年 1 月	工信部《工业互联网网络建设及推广指南》	初步建成工业互联网基础设施和技术产业体系,形成先进、系统的工业互联网网络技术体系和标准体系等
2020 年 3 月	《工业和信息化部办公厅关于推动工业互联网加快发展的通知》	加快新型基础设施建设;加快拓展融合创新应用;加快健全安全保障体系;加快壮大创新发展动能;加快完善产业生态布局;加大政策支持力度

1.3.2 产业发展方向

近年来工业互联网发展走向深入,产业规模与参与主体快速壮大,加速了传统工业支撑体系变革,并带动新兴产业发展。工业互联网的主要产业发展方向包括网络、标识、平台、边缘计算、大数据、应用、运营、安全等。

1. 工业互联网网络方向

工业互联网网络是构建工业环境下人、机、物全面互联的关键基础设施,通过工业互联网网络可以实现工业研发、设计、生产、销售、管理、服务等产业全要素的泛在互联。工业互联网网络产业由工业通信网关、物联网模组、交换机、光纤接入设备等网络设备产业,工业无线、专线等网络服务产业,以及标识解析产业三部分构成。

2. 工业互联网标识方向

工业互联网标识是支撑工业互联网互联互通的神经中枢,其作用类似于互联网领域的域名解析系统。工业互联网标识解析体系的核心包括标识编码、标识解析系统。工业互联网标识是工业互联网产业生态的重要一环,建设工业互联网标识解析体系,对于企业打通信息壁垒,优化生产流程,提升管理水平,强化协同创新,促进产业智能化转型升级具有非常重要的意义。

3. 工业互联网平台方向

工业互联网平台产业是指应用于工业领域或工业场景下的各类工业互联网平台,可实现边缘连接、生产优化、资源配置等功能。工业互联网平台面向制造业数字化、网络化、智能化需求,构建形成基于海量数据采集、汇聚、分析的服务体系,是支撑制造资源泛在连接、弹性供给、高效配置的工业云平台,包括边缘、平台(工业 PaaS)、应用三大核心层级。

4. 工业互联网边缘计算方向

边缘计算是工业互联网的重要技术支撑,作为新型的数据计算架构和组织形态,边缘计算扩展了网络计算的范畴,将计算从云中心扩展到了网络的边缘,为用户就近提供智能服务。在制造业数字化、网络化、智能化的转变过程当中,边缘计算可以满足用户在敏捷连接、实时计算、数据优化、应用智能、信息安全与隐私保护等方面的关键需求。在工业互联网平台中,边缘计算承担着有效降低网络的传输负担、处理实时业务、支持决策优化等重要的功能,极大地拓展了工业互联网平台收集和管理数据的范围和能力。

5. 工业大数据方向

工业大数据是指在工业领域中,围绕典型智能制造模式,从产品全生命周期各个环节所产生的各类数据及相关技术和应用的总称。工业大数据技术是使工业大数据中所蕴含的价值得以挖掘和展现的一系列技术与方法,包括数据规划、采集、预处理、存储、分析挖掘、可视化和智能控制等。工业大数据应用,则是对特定的工业大数据集,集成应用工业大数据系列技术与方法,获得有价值信息的过程。工业大数据的目标就是从复杂的数据集中发现新的模式与知识,挖掘得到有价值的新信息,从而促进制造型企业产品创新、提升经营水平和生产运作效率以及拓展新型商业模式。

6. 工业互联网应用方向

工业互联网应用是指通过工业互联网的基础支撑和技术支撑,与各行业相结合,针对不同的应用场景提供相应的产品与解决方案。工业互联网应用具体包括六类,分别为制造与工艺管理、产品研发设计、资源配置协同、生产过程管控、设备管理服务和企业运营管理。工业互联网应用覆盖工业企业全生命周期管理的全过程管控,支撑实现工业互联网在制造企业全生命周期各阶段的应用落地,实现对网络化协同、智能化生产、个性化定制、服务化延伸的智能制造新模式的支撑。

7. 工业互联网运营方向

工业互联网运营是指以工业互联网新思维和新媒体手段实现对工业互联网产业平台(门户、专区、大赛、活动)、开发者(开发者中心、社区论坛)、产品(工业应用、平台核心产品)、数据(用户数据、设备数据、应用数据、营销数据)、生态(供应商、服务商、合作方)的运营,支撑工业智能化发展的新兴业态和应用模式的推广和持续发展。

8. 工业互联网安全方向

工业互联网安全是工业生产运行过程中的信息安全、功能安全与物理安全的统称。工业互联网安全产业涉及工业互联网领域各个环节,通过监测预警、应急响应、检测评估、攻防测试等手段确保工业互联网健康有序发展,对工业互联网发展意义重大。

1.3.3 建设意义

近年来,我国工业互联网发展态势良好,有力提升了产业融合创新水平,加快了制造业数字化转型步伐,有力推动了实体经济高质量发展。具体来看,发展工业互联网有以下几点重要意义。

1. 促进实体经济数字化转型

工业互联网通过与工业、能源、交通、农业等实体经济各领域的融合,为实体经济提供了网络连接和计算处理平台等新型通用基础设施支撑,帮助各实体行业创新研发模式、优化生产流程,加速实体经济数字化转型进程。

2. 第四次工业革命的重要基础

工业互联网通过人、机、物的全面互联,全要素、全产业链、全价值链的全面连接,对各类数据进行采集、传输、分析并形成智能反馈,是实现第四次工业革命的重要基础。

3. 促进我国经济发展

通过部署工业互联网,能够帮助企业减少用工量,促进制造资源配置和使用效率提升,降低企业生产运营成本;加快工业互联网应用推广,有助于推动工业生产制造服务体系的智能化升级,进而带动产业向高端迈进;工业互联网的蓬勃发展,可推动先进制造业和现代服务业深度融合,促进一二三产业、大中小企业开放融通发展。

第 2 章　工业互联网技术基础

2.1　工业互联网概述

2.1.1　工业互联网定义

根据工业互联网产业联盟发布的《工业互联网术语与定义（版本 1.0）》中的定义，工业互联网是满足工业智能化发展需求，具有低时延、高可靠、广覆盖特点的关键网络基础设施，是新一代信息通信技术与先进制造业深度融合所形成的新兴业态与应用模式。

※ 工业互联网概述

工业互联网的本质是以机器、控制系统、信息系统、产品及人员的网络互联为基础，如图 2.1 所示，通过对工业数据的深度感知、实时传输交换、快速计算处理及高级建模分析，实现智能控制、运营优化和生产组织方式的变革。

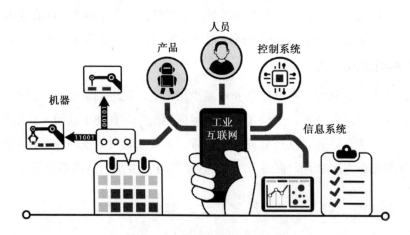

图 2.1　工业互联网连接概念图

2.1.2　工业互联网组成

根据工业互联网产业联盟 2020 年发布的《工业互联网体系架构（版本 2.0）》，工业互联网体系架构包括三个组成部分，分别为业务视图、功能体系、实施框架，如图 2.2 所示。

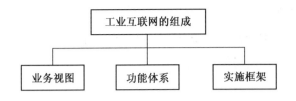

图 2.2 工业互联网体系架构

1. 业务视图

业务视图明确了企业应用工业互联网实现数字化转型的目标、方向、业务场景及相应的数字化能力。业务视图主要用于指导企业在商业层面明确工业互联网的定位和作用,提出的业务需求和数字化能力需求对于后续功能体系设计是重要指引。

2. 功能体系

功能体系明确企业支撑业务实现所需的核心功能、基本原理和关键要素。功能体系可分解为网络、平台、安全三大体系的子功能视图。功能体系主要用于指导企业构建工业互联网的支撑能力与核心功能,并为后续工业互联网实施框架的制定提供参考。

3. 实施框架

实施框架描述各项功能在企业落地实施的层级结构、软硬件系统和部署方式。实施框架明确了各实施层级的网络、标识、平台、安全的系统架构、部署方式以及不同系统之间的关系。实施框架主要为企业提供工业互联网具体落地的统筹规划与建设方案,进一步可用于指导企业技术选型与系统搭建。

功能体系是工业互联网的核心组成部分,通过网络、平台、安全三大功能体系的构建,工业互联网可全面打通设备资产、生产系统、管理系统和供应链条,基于数据整合与分析实现信息技术与控制技术的融合和三大体系的贯通。本书围绕工业互联网的功能体系,对网络、平台、安全体系分别进行介绍。

2.2 工业互联网功能体系

工业互联网的核心功能原理是基于数据驱动的物理系统与数字空间全面互联与深度协同,以及在此过程中的智能分析与决策优化。工业互联网的功能体系主要包括三大体系,分别为网络体系、平台体系和安全体系,如图2.3所示。

※ 工业互联网功能体系

1. 网络体系为基础

利用网络通信、标识解析和标准体系，建设低时延、高可靠、广覆盖的网络基础设施，为工业全要素互联互通提供有力支撑。

2. 平台体系为核心

平台边缘层基于物联网技术、边缘计算技术为工业互联网实现工业设备和工业信息化系统的接入、集成、解析；平台核心层的工业大数据为实现工业信息数据的再处理和深度挖掘，为工业应用提供机理模型和智能算法支撑，利用工业微服务、工业应用研发技术实现基于工业互联网平台的机理模型、原生工业应用、云化工业应用的研发建设。

3. 安全体系为保障

安全体系涵盖网络安全、数据安全、应用安全等方面，为工业互联网实施全面保护，以防止信息的破坏、泄漏等，保障企业数据和网络的安全。

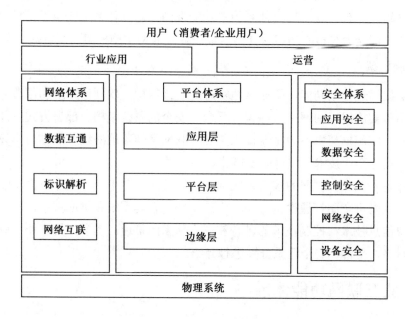

图 2.3　工业互联网功能体系架构

2.2.1　网络体系

工业互联网网络体系通过物联网、互联网等技术实现工业全系统的互联互通，促进工业数据的无缝集成。网络体系由三个部分组成，分别为网络互联、数据互通和标识解析，如图 2.4 所示。网络互联实现要素之间的数据传输，数据互通实现要素之间传输信息的相互理解，标识解析实现要素的标记、管理和定位。

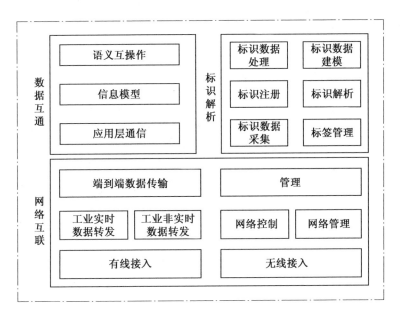

图 2.4 工业互联网网络体系框架

1. 网络互联

网络互联,即通过有线、无线方式,将工业互联网体系相关的"人、机、物、料、法"环以及企业上下游、智能产品、用户等全要素连接,支撑业务发展的多要求数据转发,实现端到端数据传输。网络互联根据协议层次由底向上可以分为三层,分别为接入层、网络层和传输层。

(1) 接入层的接入方式包括有线接入和无线接入,通过现场总线、工业以太网、工业 PON(无源光纤网络)、TSN(时间敏感网络)等有线方式,以及 5G/4G、WiFi/WiFi6、WIA、WirelessHART、ISA100.11a 等无线方式,将工厂内的各种要素接入工厂内网,包括人员(如生产人员、设计人员、外部人员)、机器(如装备、办公设备)、材料(如原材料、在制品、制成品)、环境(如仪表、监测设备)等;将工厂外的各要素接入工厂外网,包括用户、协作企业、智能产品、智能工厂以及公共基础支撑的工业互联网平台、安全系统、标识系统等。

(2) 网络层转发实现工业非实时数据转发、工业实时数据转发、网络控制、网络管理等功能。工业非实时数据转发功能主要完成无时延同步要求的采集信息数据和管理数据的传输。工业实时数据转发功能主要传输生产控制过程中有实时性要求的控制信息和需要实时处理的采集信息。网络控制主要完成路由表/流表生成、路径选择、路由协议互通、ACL(访问控制列表)配置、QoS(服务质量)配置等功能。网络管理功能包括层次化的 QoS、拓扑管理、接入管理、资源管理等功能。

(3) 传输层的端到端数据传输功能实现基于 TCP、UDP 等协议实现设备到系统的数据传输。管理功能实现传输层的端口管理、端到端连接管理、安全管理等。

2. 数据互通

数据互通实现数据和信息在各要素间、各系统间的无缝传递，使得异构系统在数据层面能相互"理解"，从而实现数据互操作与信息集成。数据互通包括应用层通信、信息模型和语义互操作等功能。

（1）应用层通信是指通过 OPC UA、MQTT、HTTP 等协议，实现数据信息传输安全通道的建立、维持和关闭，以及对支持工业数据资源模型的装备、传感器、远程终端单元、服务器等设备节点进行管理。

（2）信息模型是指通过 OPC UA、MTConnect、YANG 等协议，提供完备、统一的数据对象表达、描述和操作模型。

（3）语义互操作是指通过 OPC UA、PLCopen、AutoML 等协议，实现工业数据信息的发现、采集、查询、存储、交互等功能，以及对工业数据信息的请求、响应、发布、订阅等功能。

3. 标识解析

在工业互联网中，为了实现人与设备、设备与设备的通信以及各类工业互联网应用，需要利用标识来对人、设备、产品等对象以及各类业务应用进行识别，并通过标识解析与寻址等技术进行翻译、映射和转换，以获取相应的地址或关联信息。

物体标识用于在一定范围内唯一识别工业互联网中的物理或逻辑实体，以便网络或应用基于此物体标识对目标对象进行相关控制和管理，以及相关信息的获取、处理、传送与交换。

标识解析则是指将某一类型的标识映射到与其相关的其他类型标识或信息的过程。标识解析既是工业互联网网络架构的重要组成部分，又是支撑工业互联网互联互通的神经枢纽。通过赋予每一个产品、设备唯一的"身份证"，可以实现全网资源的灵活区分和信息管理。标识解析提供标识数据采集、标签管理、标识注册、标识解析、数据处理和标识数据建模功能。

（1）标识数据采集主要定义了标识数据的采集和处理手段，包含标识读写和数据传输两个功能，负责标识的识读和数据预处理。

（2）标签管理主要定义了标识的载体形式和标识编码的存储形式，负责完成载体数据信息的存储、管理和控制，针对不同行业、企业需要，提供符合要求的标识编码形式。

（3）标识注册是指在信息系统中创建对象的标识注册数据，包括标识责任主体信息、解析服务寻址信息、对象应用数据信息等，并存储、管理、维护该注册数据。

（4）标识解析能够根据标识编码查询目标对象的网络位置或者相关信息的系统装置，对机器和物品进行唯一性的定位和信息查询，是实现全球供应链系统和企业生产系统精准对接、产品全生命周期管理和智能化服务的前提和基础。

(5)标识数据处理定义了对采集后的数据进行清洗、存储、检索、加工、变换和传输的过程,可根据不同业务场景,依托数据模型来实现不同的数据处理过程。

(6)标识数据建模用于构建特定领域应用的标识数据服务模型,建立标识应用数据字典、知识图谱等,可基于统一标识建立对象在不同信息系统之间的关联关系,提供对象信息服务。

2.2.2 平台体系

工业互联网平台是工业互联网的核心,是连接设备、软件、工厂、产品、人等工业全要素的枢纽,是海量工业数据采集、汇聚、分析和服务的载体。按照功能层级划分,工业互联网平台包括三个关键功能组成部分,分别为边缘层、平台层和应用层,如图2.5所示。

边缘层基于物联网技术、边缘计算技术,为工业互联网实现工业设备和工业信息化系统的接入、集成、解析。在平台层中,工业大数据为实现工业信息数据的再处理和深度挖掘、为工业应用提供机理模型和智能算法支撑,即利用工业微服务、工业应用研发技术实现基于工业互联网平台的机理模型、原生工业应用、云化工业应用的研发建设。

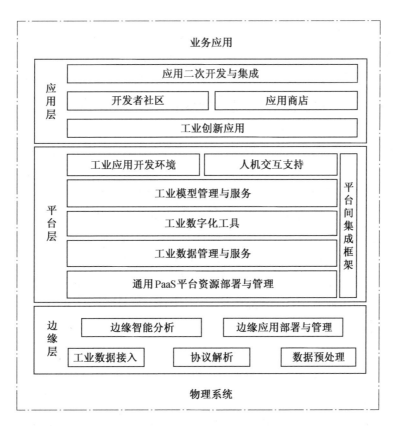

图 2.5 工业互联网平台体系框架

1. 边缘层

边缘层构成了工业互联网平台的数据基础，边缘层的本质是利用泛在感知技术对各种智能设备、智能系统、运营环境、人员信息等要素进行实时高效采集，并在云端汇聚。边缘层实现的主要功能包括海量工业数据接入、转换、数据预处理和边缘分析应用等功能。

（1）工业数据接入。包括机器人、机床等工业设备数据接入能力，以及 ERP、MES、WMS 等信息系统数据接入能力，可实现对各类工业数据的大范围、深层次采集和连接。

（2）协议解析与数据预处理。将采集连接的各类多源异构数据进行格式统一和语义解析，并进行数据剔除、压缩、缓存等操作后传输至云端。

（3）边缘分析应用。重点是面向实时应用场景，在边缘侧开展实时分析与反馈控制，并提供边缘应用开发所需的资源调度、运行维护、开发调试等各类功能。

2. 平台层

平台层是基于云计算技术的平台即服务（Platform-as-a-Service，PaaS）模式，在通用 PaaS 架构上构建了一个可扩展的操作系统，为工业应用软件的开发提供了一个基础平台。

在工业大数据应用中，数据采集和存储只是基础，重点是数据建模和分析。平台层通过对数据进行建模和分析，可将数据转换成有用的信息和知识，来为人类的工业生产服务。借助于平台层，开发者可以快速构建定制化的工业应用软件。具体而言，平台层的主要功能包括 IT 资源管理、工业数据与模型管理、工业建模分析和工业应用创新。

（1）IT 资源管理。包括通过云计算 PaaS 等技术对系统资源进行调度和运维管理，并集成边云协同、大数据、人工智能、微服务等各类框架，为上层业务功能的实现提供支撑。

（2）工业数据与模型管理。包括面向海量工业数据提供数据治理、数据共享、数据可视化等服务，为上层建模分析提供高质量数据源，以及进行工业模型的分类、标识、检索等集成管理。

（3）工业建模分析。融合应用仿真分析业务流程等工业机理建模方法和统计分析、大数据、人工智能等数据科学建模方法，实现工业数据价值的深度挖掘与分析。

（4）工业应用创新。集成 CAD、CAE、ERP、MES 等研发设计、生产管理、运营管理已有成熟工具，采用低代码开发、图形化编程等技术来降低开发门槛，支撑业务人员能够不依赖程序员而独立开展高效灵活的工业应用创新。此外，为了更好地提升用户体验和实现平台间的互联互通，还需考虑人机交互支持、平台间集成框架等功能。

3. 应用层

应用层是基于云计算技术的软件即服务（Software-as-a-Service，SaaS）模式，形成满足不同行业、不同场景的工业应用软件。应用层提供工业创新应用、开发者社区、应用商店、应用二次开发集成等功能。

（1）工业创新应用。针对研发设计、工艺优化、能耗优化、运营管理等智能化需求，构建各类工业 APP 应用解决方案，帮助企业实现提质降本增效。

（2）开发者社区。打造开放的线上社区，提供各类资源工具、技术文档、学习交流等服务，吸引海量第三方开发者入驻平台开展应用创新。

（3）应用商店。提供成熟工业 APP 的上架认证、展示分发、交易计费等服务，支撑实现工业应用价值变现。

（4）应用二次开发集成。对已有工业 APP 进行定制化改造，以适配特定工业应用场景或是满足用户个性化需求。

2.2.3 安全体系

安全体系是网络与数据在工业中应用的安全保障。为解决工业互联网面临的网络攻击等新型风险，确保工业互联网健康有序发展，工业互联网安全体系框架充分考虑了信息安全、功能安全和物理安全。工业互联网安全框架从防护对象、防护措施及防护管理三个视角进行构建。针对不同的防护对象部署相应的安全防护措施，根据实时监测结果发现网络中存在的或即将发生的安全问题并及时做出响应。同时加强防护管理，明确基于安全目标的可持续改进的管理方针，从而保障工业互联网的安全。工业互联网安全体系如图 2.6 所示。

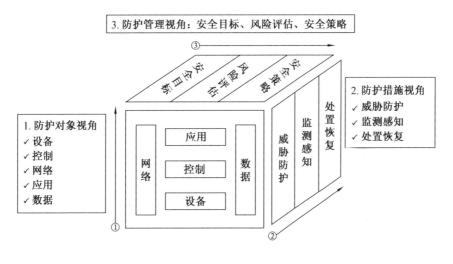

图 2.6 工业互联网安全体系

1. 防护对象

工业互联网安全框架的防护对象主要包括设备、控制、网络、应用、数据五个方面。

（1）设备安全。

设备安全包括工厂内单点智能器件、成套智能终端等智能设备的安全，以及智能产品的安全,具体涉及软件安全与硬件安全两方面。

(2) 控制安全。

控制安全包括控制协议安全、控制软件安全及控制功能安全。

(3) 网络安全。

网络安全包括承载工业智能生产和应用的工厂内部网络、外部网络及标识解析系统等的安全。

(4) 应用安全。

应用安全包括工业互联网平台安全与工业应用程序安全。

(5) 数据安全。

数据安全包括涉及采集、传输、存储、处理等各个环节的数据及用户信息的安全。

2. 防护措施

为帮助相关企业应对工业互联网所面临的各种挑战,防护措施视角从生命周期、防御递进角度明确安全措施,实现动态、高效的防御和响应。工业互联网安全防护措施主要包括威胁防护、监测感知和处置恢复三大环节。

(1) 威胁防护。

威胁防护是指针对五大防护对象,部署主被动防护措施,阻止外部入侵,构建安全运行环境,消减潜在安全风险。

(2) 监测感知。

监测感知是指部署相应的监测措施,实时感知内部、外部的安全风险。

(3) 处置恢复。

处置恢复是指建立响应恢复机制,及时应对安全威胁,并及时优化防护措施,形成闭环防御。

3. 防护管理

防护管理是指根据工业互联网安全目标所所面临的安全风险进行安全评估,并选择适当的安全策略作为指导,实现防护措施的有效部署。防护管理在明确防护对象及其所需要达到的安全目标后,对于其可能面临的安全风险进行评估,找出当前与安全目标之间存在的差距,制定相应的安全防护策略,提升安全防护能力,并在此过程中不断对管理流程进行改进。

(1) 安全目标。

为确保工业互联网的正常运转和安全可信,应对工业互联网设定合理的安全目标,并根据相应的安全目标进行风险评估和安全策略的选择实施。工业互联网安全目标并非单一的,需要结合工业互联网不同的安全需求进行明确。工业互联网安全包括保密性、完整性、可用性、可靠性、弹性和隐私安全六大目标。

(2) 风险评估。

为管控风险,必须定期对工业互联网系统的各安全要素进行风险评估。对应工业互联网整体的安全目标,分析整个工业互联网系统的资产、脆弱性和威胁,评估安全隐患导致安全事件的可能性及影响,结合资产价值,明确风险的处置措施,包括预防、转移、接受、补偿、分散等,确保在工业互联网数据私密性、数据传输安全性、设备接入安全性、平台访问控制安全性、平台攻击防范安全性等方面提供可信服务,并最终形成风险评估报告。

(3) 安全策略。

工业互联网安全防护的总体策略,是要构建一个能覆盖安全业务全生命周期的,以安全事件为核心,实现对安全事件"预警、检测、响应"的动态防御体系。能够在攻击发生前进行有效的预警和防护,在攻击中进行有效的攻击检测,在攻击后能快速定位故障,进行有效响应,避免实质损失的发生。

2.3 工业互联网主要技术

工业互联网是新一代信息技术与工业系统深度融合而形成的产业和应用生态。工业互联网主要技术可分为三类,分别为工业互联网网络技术、工业互联网平台技术及工业互联网安全技术,如图2.7所示。其中,工业互联网网络技术主要包括工业网络技术和标识解析技术;工业互联网平台技术主要包括云计算技术、边缘计算技术、工业大数据技术、数字孪生技术、工业智能技术和人机交互技术;工业互联网安全技术主要包括加密技术和访问控制技术。

※ 工业互联网主要技术

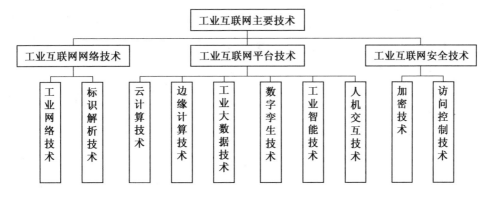

图 2.7 工业互联网主要技术

2.3.1 工业互联网网络技术

1. 工业网络技术

工业网络泛指将终端数据上传到工业互联网平台,并能通过工业互联网平台获取数据的传输通道。它通过有线、无线的数据链路将传感器和终端检测到的数据上传到工业互联网平台,接收工业互联网平台的数据并传送到各个扩展功能节点。工业互联网包含的网络技术按照数据传输介质主要分为工业有线网络技术和工业无线网络技术两大类。

(1) 工业有线网络技术。

工业有线网络技术采用有线传输介质连接通信设备,为通信设备之间提供数据传输的物理通道。常见的工业有线网络技术包括现场总线、工业以太网和时间敏感网络。

① 现场总线。

现场总线是安装在生产过程区域的现场设备/仪表与控制室内的自动控制装置/系统之间的一种串行、数字式、多点通信的数据总线。其中,"生产过程"包括断续生产过程和连续生产过程两类。或者,现场总线是以单个分散的、数字化、智能化的测量和控制设备作为网络节点,用总线相连接,实现相互交换信息、共同完成自动控制功能的网络系统与控制系统。常用的现场总线协议包括 PROFIBUS、PROFINET、ModBus、RS232 和 RS485、CC-Link 等。

② 工业以太网。

工业以太网是基于 IEEE 802.3(Ethernet)的强大的区域和单元网络。工业以太网提供了一个无缝集成到新的多媒体世界的途径。继 10 M 波特率以太网成功运行之后,具有交换、全双工和自适应功能的 100 M 波特率快速以太网(Fast Ethernet,符合 IEEE 802.3u 的标准)也已成功运行多年。采用何种性能的以太网取决于用户的需要。工业以太网主要包括四种协议,分别为 HSE、ModBus TCP/IP、PROFINET、Ethernet/IP。

③ 时间敏感网络。

时间敏感网络(Time Sensitive Networking,TSN)是 IEEE 802.1 工作小组中 TSN 工作小组发展的系列标准。TSN 为以太网协议的 MAC 层提供一套通用的时间敏感机制,在确保以太网数据通信的时间确定性的同时,为不同协议网络之间的互操作提供了可能性。TSN 主要的工作原理是优先适用(IEEE P802.3br)机制,即在传输中让关键数据包优先处理。这意味着关键数据不必等待所有的非关键数据完成传送后才开始传送,从而确保更快速的传输路径。TSN 具有带宽、安全性和互操作性等方面的优势,能够很好地满足未来万物互联的要求。

(2) 工业无线网络技术。

工业无线网络技术在信号发射设备上通过调制将信息加载于无线电波之上,当电波通过空间传播到达收信端时,电波引起的电磁场变化又会在导体中产生电流,通过解调将信息从电流变化中提取出来,从而达到信息传递的目的。工业无线通信技术的各种不同类型分别适用于不同距离范围的设备连接,如图 2.8 所示。

① 5G。

5G 技术是无线网络技术的典型代表,推动无线连接向多元化、宽带化、综合化、智能化的方向发展。5G 技术对工业互联网的作用主要体现在两个方面:一方面,5G 低延时、高通量的特点保证了海量工业数据的实时回传;另一方面,5G 的网络切片技术能够有效满足不同工业场景的连接需求。5G 网络切片技术可实现独立定义网络架构、功能模块、网络能力（用户数、吞吐量等）和业务类型等，减轻工业互联网平台及工业 APP 面向不同场景需求时的开发、部署、调试的复杂度，降低平台应用落地的技术门槛。

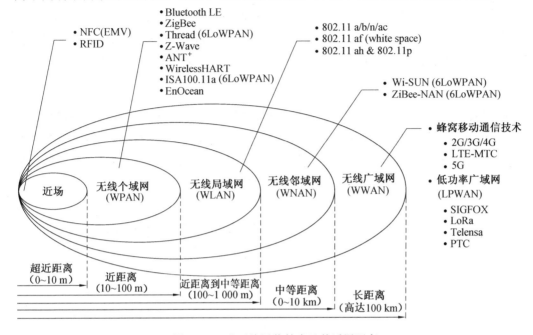

图 2.8　工业无线通信技术及其适用距离

② 窄带物联网。

窄带物联网（Narrow Band Internet of Things，NB-IoT）是工业互联网领域一个新兴的技术。NB-IoT 构建于蜂窝网络，支持低功耗设备在广域网的蜂窝数据连接，也称为低功耗广域网（LPWAN）。NB-IoT 支持待机时间长、对网络连接要求较高设备的高效连接。NB-IoT 的主要特点包括广覆盖、支持低延时敏感度、超低的设备成本、低设备功耗和优化的网络架构。

③ WirelessHART。

WirelessHART 是基于高速可寻址远程传感器协议的无线传感器网络标准。该网络使用运行在 2.4 GHz 频段上的无线电 IEEE 802.15.4 标准，采用直接序列扩频（DSSS）、通信安全与可靠的信道跳频、时分多址（TDMA）同步、网络上设备间延控通信等技术。WirelessHART 标准协议主要应用于工厂自动化领域和过程自动化领域，弥补了高可靠、低功耗及低成本的工业无线通信市场的空缺。

④ ISA100.11a。

ISA100.11a 是第一个开放的、面向多种工业应用的标准族。ISA100.11a 标准定义的工业无线设备包括传感器、执行器、无线手持设备等现场自动化设备，主要内容包括工业无线的网络架构、共存性、鲁棒性以及与有线现场网络的互操作性等。ISA100.11a 标准具有数据传输可靠、准确、实时、低功耗等特点。

⑤ WIA。

面向工业自动化的无线网络（Wireless Networks for Industrial Automation，WIA）技术是一种高可靠性、超低功耗的智能多跳无线传感网络技术。该技术提供一种自组织、自治愈的智能 Mesh 网络路由机制，能够针对应用条件和环境的动态变化，保持网络性能的高可靠性和强稳定性。WIA 包括 WIA-PA 和 WIA-FA 两项扩展协议。

2. 标识解析技术

标识解析是指将某一类型的标识映射到与其相关的其他类型标识或信息的过程。标识解析既是工业互联网网络架构的重要组成部分，又是支撑工业互联网互联互通的神经枢纽。通过赋予每一个产品、设备唯一的"身份证"，可以实现全网资源的灵活区分和信息管理。

（1）工业互联网标识的分类。

基于识别目标和应用场景，工业互联网标识可分为三类：对象标识、通信标识和应用标识，如图 2.9 所示。

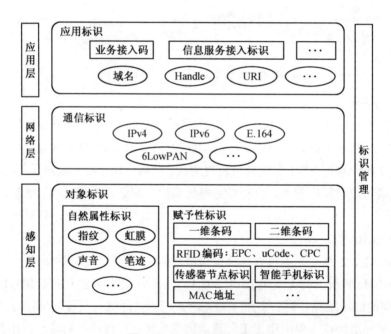

图 2.9 工业互联网标识体系

① 对象标识用于唯一识别工业互联网中的实体对象（如传感器节点、电子标签、网卡等）或逻辑对象（如文档、温度等）。根据标识形式的不同，对象标识又可进一步分为自然属性标识和赋予性标识。一个对象可以拥有多个对象标识，但一个标识必须唯一地对应一个实体对象或逻辑对象。

② 通信标识用于唯一识别具备通信能力的网络节点（如智能网关、手机终端、电子标签读写器及其他网络设备等）。通信链路两端的节点一定具有同类别的通信标识，其作为相对地址或绝对地址用于寻址，以建立到目标对象的通信连接。

③ 应用标识用于唯一识别工业互联网应用层中各项业务或各领域的应用服务的组成元素（如电子标签在信息服务器中所对应的数据信息等）。基于应用标识可以直接进行相关对象信息的检索与获取。

（2）常用标识解析技术介绍。

当前被广泛运用的标识解析技术主要有 Handle、OID（Object Identifier，对象标识符）、Ecode（Entity Code for IoT，物联网统一标识体系）等。这些技术的基本思路都是针对面向的对象进行数字解读，然后进行唯一标记，并提供对应的信息查询和浏览功能，以构成完整的数据信息架构。

① Handle 由 TCP/IP 协议联合发明人罗伯特·卡恩发明。这一技术具有两个明显的特点：第一，Handle 得以运用的基础在于全球各地设置齐全的根节点，这些根节点相互之间可以互通有无，完成数据传输和识别，因此该技术得到了世界各国共同的重视。第二，Handle 设置有部分可进行自主定义的编码功能，用户可以按照自己的想法和需求，将原有编码体系中的部分内容设置为自主定义，这一特点使得 Handle 技术在使用过程中比较灵活。近几年来，这一技术被广泛运用于产品溯源、数字图书馆等领域。

② Ecode 是我国发明并研制的一种标识编码技术，包括 Ecode 编码、数据标识、中间件、解析系统、信息查询和发现服务系统、安全保障系统等内容，主要被运用在我国的农产品质量溯源和把控等方面。

③ OID 是由一系列国际标准组织合作研发而成的。其对物体、数字等对象进行唯一性的命名，在全球范围内建立属于该对象的独特性。命名之后，这一名称就成为该事物的标识，并伴随终身。目前，这一技术被广泛应用在医疗卫生事业和信息安全等领域。

2.3.2 工业互联网平台技术

1. 云计算技术

（1）云计算定义。

云计算由分布式计算、并行处理、网格计算发展而来，是一种新兴的商业计算模型。它将计算任务分布在大量计算机构成的资源池上，使各种应用系统能够按需获取计算力、存储空间和信息服务。云计算概念模型如图 2.10 所示。

云计算是一种无处不在、便捷且按需对一个共享的可配置计算资源（包括网络、服务器、存储、应用和服务）进行网络访问的模式，它能够通过最少量的管理以及与服务提供商的互动实现计算资源的迅速供给和释放。

图 2.10　云计算概念模型

（2）云计算技术的特点。

云计算将互联网上的应用服务以及在数据中心提供这些服务的软硬件设施进行统一的管理和协同合作。云计算将 IT 相关的能力以服务的方式提供给用户，允许用户在不了解所提供服务的技术、没有相关知识以及设备操作能力的情况下，也能通过互联网获取需要的服务，其特点如下。

① 自助式服务。消费者无需同服务提供商交互就可以得到自助的计算资源能力，如服务器的时间、网络存储等（资源的自助服务），如图 2.11 所示。

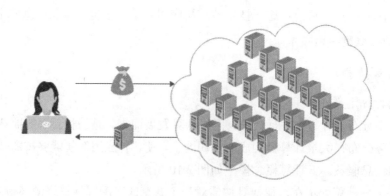

图 2.11　自助式服务

② 无所不在的网络访问。消费者可借助于不同的客户端通过标准的应用对网络进行访问，如图 2.12 所示。

图 2.12　随时随地使用云服务

③ 划分独立资源池。根据消费者的需求来动态地划分或释放不同的物理和虚拟资源，这些池化的供应商计算资源以多租户的模式来提供服务。用户通常并不控制或了解这些资源池的准确划分，但可以知道这些资源池在哪个行政区域或数据中心，包括存储、计算处理、内存、网络宽带及虚拟机个数等。

④ 快速弹性。云计算系统能够快速和弹性提供资源并且快速和弹性释放资源。对消费者来讲，所提供的这种能力是无限的（就像电力供应一样，对用户来说，是随需的、大规模计算机资源的供应），并且可在任何时间以任何量化方式进行购买。

⑤ 服务可计量。云系统对服务类型通过计量的方法来自动控制和优化资源使用（如存储、处理、宽带及活动用户数）。资源的使用可被监测、控制，以及可对供应商和用户提供透明的报告（即付即用的模式）。

2. 边缘计算技术

（1）边缘计算定义。

边缘计算是指靠近物或数据源头的网络边缘侧，采用网络、计算、存储、应用核心能力为一体的开放平台，就近提供最近端服务。其应用程序在边缘侧发起，产生更快的网络服务响应，满足行业在实时业务、应用智能、安全与隐私保护等方面的基本需求。

大数据时代下每天产生的数据量急增，而工业互联网应用背景下的数据在地理上分散，并且对响应时间和安全性提出了更高的要求。在这种应用背景下，边缘计算应运而生，并在近两年得到了广泛关注。边缘计算中的边缘指的是网络边缘上的计算和存储资源，这里的网络边缘与数据中心相对，无论是从地理距离还是网络距离上来看都更贴近用户。边缘计算则是利用这些资源在网络边缘为用户提供服务的技术，使应用可以在数据源附近处理数据。未来是万物联网的时代，将有海量设备接入网络，边缘计算就是让每个设备拥有自己的"大脑"。

（2）边缘计算的优点。

边缘计算可以很好地支持移动计算与工业互联网应用，具有实时性、安全性、低能耗的优点。

① 实时性。万物互联环境下，随着边缘设备数据量的增加，网络带宽正逐渐成为云计算的瓶颈，仅提高网络带宽并不能满足新兴万物互联应用对延迟时间的要求。在工业控制的部分场景下，计算处理的时延要求在 10 ms 以内。如果数据分析和控制逻辑全部在云端实现，难以满足业务的实时性要求。边缘计算在接近数据源的边缘设备上执行部分或全部计算，近距离服务保证了较低的网络延迟。同时，在工业生产中要求计算能力具备不受网络传输带宽和负载影响的能力，避免断网、时延过大等意外因素对实时性生产造成影响。边缘计算在服务实时性和可靠性方面能够满足工业互联网的发展要求。

② 安全性。工业互联网应用中数据的安全性一直是关键问题，用户担心他们的设备和生产数据在未授权的情况下被第三方使用。云计算模式下所有的数据与应用都在数据中心，用户很难对数据的访问与使用进行控制。针对现有云计算模型的数据安全问题，边缘计算模型为这类敏感数据提供了较好的隐私保护机制。一方面，用户的源数据在上传至云数据中心之前，首先利用近数据端的边缘节点直接对数据源进行处理，以实现对一些敏感数据的保护与隔离；另一方面，边缘节点与云数据之间建立功能接口，即边缘节点仅接收来自云计算中心的请求，并将处理的结果反馈给云计算中心。这种方法可以显著地降低隐私泄露的风险。

③ 低能耗。随着在云计算中心运行的用户应用程序越来越多，未来大规模数据中心对能耗的需求将难以满足。为解决这一能耗难题，边缘计算模型提出利用边缘设备已具有的计算能力，将应用服务程序的全部或部分计算任务从云中心迁移到边缘设备端执行，以此降低云计算数据中心的计算负载，进而达到降低能耗的目的。

3. 工业大数据技术

（1）工业大数据定义。

工业大数据即工业数据的综合，即企业信息化数据、工业物联网数据及外部跨界数据。其中，企业信息化和工业物联网中机器产生的海量时序数据是工业数据规模变大的主要来源。

对于企业组织来讲，大数据的价值体现在两个方面：分析使用和二次开发。对大数据进行分析能揭示隐藏于其中的信息。例如，对设备运行状态数据进行分析能对设备进行预测性维护。大数据技术是数据分析的前沿技术，简单来说，从各种各样类型的数据中，快速获得有价值信息的能力，就是大数据技术。

（2）工业大数据来源。

工业大数据主要来自三个方面：工业现场设备，工厂外智能产品/装备以及 ERP、MES 等工业管理系统。

① 工业现场设备。工业现场设备主要通过现场总线、工业以太网、工业光纤网络等工业通信网络实现对工厂内设备的接入和数据采集，数据采集可分为三类：对传感器、变送器、采集器等专用采集设备的数据采集；对 PLC、RTU、嵌入式系统、IPC 等通用控制设备的数据采集；对机器人、数控机床、AGV 等专用智能设备/装备的数据采集。

② 工厂外智能产品/装备。通过工业物联网可实现对工厂外智能产品/装备的远程接入和数据采集，主要采集智能产品/装备运行时关键指标数据，如工作电流、电压、功耗、电池电量、内部资源消耗、通信状态、通信流量等数据，主要用于实现智能产品/装备的远程监控、健康状态监测和远程维护等应用。

③ 企业经营相关的业务数据。这类数据来自企业信息化范畴，包括企业资源计划（ERP）、产品生命周期管理（PLM）、供应链管理（SCM）、客户关系管理（CRM）和环境管理系统（EMS）等，此类数据是工业企业传统的数据资产。

（3）工业大数据处理。

从大数据的整个生命周期来看，大数据从数据源经过分析挖掘到最终获得价值需要经过四个环节，分别为大数据集成与清洗、存储与管理、分析与挖掘、可视化，如图2.13所示。

图 2.13　大数据处理流程

① 大数据集成与清洗。大数据集成是指把不同来源、格式、特点性质的数据有机集中。大数据清洗是指将在平台集中的数据进行重新审查和校验，发现和纠正可识别的错误，并处理无效值和缺失值，从而得到干净、一致的数据。

② 大数据存储与管理。采用分布式存储、云存储等技术将数据进行经济、安全、可靠的存储管理，并采用高吞吐量数据库技术和非结构化访问技术支持云系统中数据的高效快速访问。

③ 大数据分析与挖掘。大数据分析与挖掘是指从海量、不完全、有噪声、模糊及随机的大型数据库中发现隐含在其中有价值的、潜在有用的信息和知识。广义的数据挖掘是指知识发现的全过程；狭义的数据挖掘是指统计分析、机器学习等发现数据模式的智能方法，即偏重于模型和算法。

④ 大数据可视化。大数据可视化是指利用包括二维综合报表、VR/AR等计算机图形图像处理技术和可视化展示技术，将数据转换成图形、图像并显示在屏幕上，使数据变得直观且易于理解，如图2.14所示。

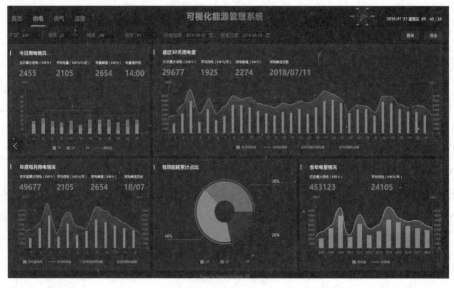

图 2.14　大数据可视化示例

4. 数字孪生技术

（1）数字孪生定义。

数字孪生是充分利用物理模型、传感器更新、运行历史等数据，集成多学科、多物理量、多尺度、多概率的仿真过程。数字孪生在虚拟空间中完成映射，从而反映相对应的实体装备的全生命周期过程。数字孪生是一种拟人化的说法，是指以数字化方式创建物理实体的虚拟模型，借助数据模拟物理实体在现实环境中的行为，并通过虚实交互反馈、数据融合分析、决策迭代优化等手段，为物理实体增加或扩展新的能力。作为一种充分利用模型、数据、智能并集成多学科的技术，数字孪生发挥着连接物理世界和信息世界的桥梁和纽带作用，可提供更加实时、高效、智能的服务。

通过数字孪生技术，可以将现实世界中复杂的产品研发、生产制造和运营维护转换成在虚拟世界相对低成本的数字化信息。通过对虚拟的产品进行优化，可以加快产品研发周期，降低产品生产成本，方便对产品进行维护保养。

（2）数字孪生分类。

数字孪生可分为产品数字孪生、生产数字孪生和设备数字孪生三类。这三类数字孪生高度集成，成为一个统一的数据模型，从测试、开发、工艺及运维等角度，打破现实与虚拟之间的鸿沟，实现产品全生命周期内生产、管理、连接的高度数字化及模块化。

① 产品数字孪生。

产品数字孪生可用于实际验证新产品性能，同时可以实时显示产品在物理环境中的表现。产品数字孪生提供虚拟与物理环境之间的连接，能够让生产商分析产品在各种条件下的性能，并在虚拟环境中进行调整，从而优化下一个实体产品。

图 2.15 展示了一个飞机引擎和它所对应的数字孪生,当飞机在空中飞行时数字孪生可以将发动机如何运转展示给地面的工程师,然后通过将这些信息连接到信息处理系统,帮助简化和优化维修流程。

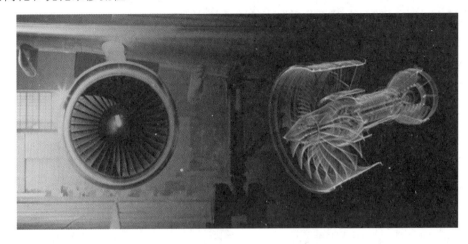

图 2.15　产品数字孪生示例

② 生产数字孪生。

生产数字孪生有助于在产品实际投入生产之前验证制造流程在车间中的效果。利用来自产品和生产数字孪生的数据,企业可以避免昂贵的设备停机时间,甚至可以预测何时需要进行预防性维护。这种持续的准确信息流能够加快制造运营速度,并可提供其效率与可靠性。

图 2.16 展示了一个飞机装配线的生产数字孪生,该生产数字孪生对数万平方米生产空间和数千个对象进行了建模和实时监测,提高了飞机装配的质量和效率。

图 2.16　生产数字孪生示例

③ 设备数字孪生。

设备数字孪生可用于对设备建模，并通过模型模拟设备的运动和工作状态，实现机械和电气设备的联动。

图 2.17 展示了哈工海渡工业机器人技能考核实训台和它所对应的数字孪生，该数字孪生可对工业机器人及周边设备进行三维虚拟仿真，能够实现仿真、轨迹编程和程序输出。

 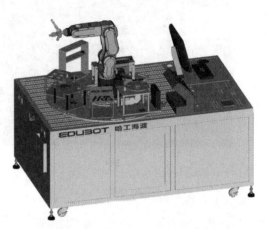

（a）工业机器人技能考核实训台——实物　　（b）工业机器人技能考核实训台——数字孪生

图 2.17　设备数字孪生示例

5. 工业智能技术

（1）工业智能技术概念。

工业智能技术是人工智能技术基于工业需求进行二次开发适配形成的融合性技术，能够对高度复杂的工业数据进行计算、分析，提炼出相应的工业规律和知识，有效提升工业问题的决策水平。工业智能是工业互联网的重要组成部分，在全面感知、泛在连接、深度集成和高效处理的基础上，工业智能可实现精准决策和动态优化，完成工业互联网的数据优化闭环。

（2）工业智能技术分类。

工业智能技术主要分为两类：知识工程技术与统计计算技术。

知识工程技术以知识图谱为代表，梳理工业知识和规则为用户提供原理性指导。例如，某数控机床故障诊断专家系统利用人机交互建立故障树，将其知识表示成以产生式规则为表现形式的专家知识，融合多传感器信息精确地诊断出故障原因和类型。

统计计算技术以机器学习为代表，其基于数据分析绕过机理和原理，直接求解出事件概率进而影响决策，其典型应用包括机器视觉、预测性维护等。例如，某设备企业基于机器学习技术，对主油泵等核心关键部件进行健康评估与寿命预测，实现关键件的预测性维护，从而降低计划外停机概率和安全风险，提高设备的可用性和经济效益。

① 知识图谱。知识图谱是一种结构化的语义知识库，用于以符号的形式描述物理世界中的概念及其相互关系。通俗地讲，知识图谱就是把所有不同种类的信息连接在一起而得到的一个关系网络，提供了从"关系"的角度去分析问题的能力。

知识图谱包括实体和关系两个部分。

➢ 实体。在知识图谱里，通常用"实体"来表达图里的节点。实体指的是现实世界中的事物，如人、地名、概念、药物、公司等。图 2.18 展示了知识图谱的一个例子。

➢ 关系。在知识图谱中，用"关系"来表达图里的"边"。关系用来表达不同实体之间的某种联系，比如在图 2.18 中，工业机器人的一种"应用"是焊接机器人。

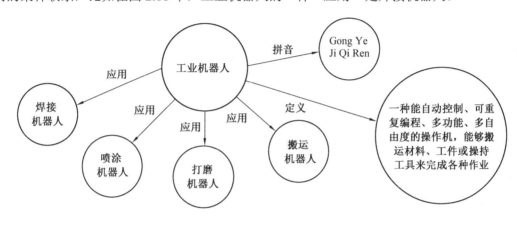

图 2.18 知识图谱示例

② 机器学习。机器学习是一门涉及诸多领域的交叉学科。机器学习专门研究计算机怎样模拟或实现人类的学习行为，以获取新的知识或技能，重新组织已有的知识结构使之能不断改善自身的性能。

在计算机系统中，"经验"通常以"数据"形式存在，因此，机器学习所研究的主要内容，是关于在计算机上从经验数据中产生"模型"的算法。有了模型，在面对新的情况时，模型会给我们提供相应的判断。

如果说计算机科学是研究关于"算法"的学问，那么类似地，可以说机器学习是研究关于"学习算法"的学问。机器学习和人类思考的过程对比如图 2.19 所示。

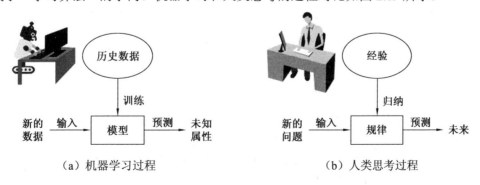

(a) 机器学习过程　　　　　　　　　(b) 人类思考过程

图 2.19 机器学习与人类思考的过程对比

6. 人机交互技术

人机交互技术是研究人、机器以及它们间相互影响的技术。而人机界面是人与机器之间传递、交换信息的媒介和对话接口，是人机交互系统的重要组成部分。

如图 2.20 所示，人机交互模型描述了人与机器相互传递信息与控制信号的方式。

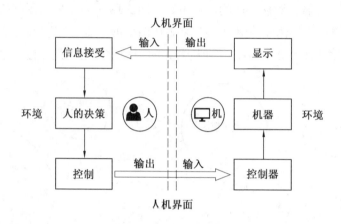

图 2.20　人机交互模型图

传统的人机交互设备主要包括键盘、鼠标、操纵杆等输入设备，以及打印机、绘图仪、显示器、音箱等输出设备。随着传感技术和计算机图形技术的发展，各类新的人机交互技术也在不断涌现。

（1）多通道交互。

多通道交互是一种使用多种通道与计算机通信的人机交互方式，如语言、眼神、脸部表情、唇动、手动、手势、头动、肢体姿势、触觉、嗅觉或味觉等。

（2）虚拟现实和三维交互。

为了达到三维效果和立体的沉浸感，人们先后发明了立体眼镜、头盔式显示器、双目全方位监视器、墙式显示屏等自动声像虚拟环境。

2.3.3　工业互联网安全技术

1. 加密技术

（1）加密技术概念。

加密技术是最常用的安全保密手段，其利用技术手段把重要的数据变为乱码（加密）传送，到达目的地后再用相同或不同的手段还原（解密）。

工业互联网常见的加密方法包括：采用虚拟专用网络（VPN）技术在公共网络平台利用加密 IP 隧道的方式实现与专用网络相同的安全和功能；使用专用的安全网络传输数据，并对传输数据加密保护；远程登录利用 SSH 的方式对用户名、密码进行加密，保证远程登录的安全性；或者使用数字证书对数据进行加密保护。

（2）加密技术组成。

加密技术包括两个元素：算法和密钥。算法是将普通文本（或者可以理解的信息）与一串数字（密钥）相结合，产生不可理解的密文的步骤；密钥是用来对数据进行编码和解码的一种算法。在安全保密中，可通过适当的密钥加密技术和管理机制来保证网络的通信安全。

（3）加密技术分类。

密钥加密技术的密码体制分为对称密钥体制和非对称密钥体制两种。相应地，对数据加密的技术也分为两类，即对称加密（私人密钥加密）和非对称加密（公开密钥加密）。

① 对称加密。对称加密采用了对称密码编码技术，它的特点是文件加密和解密使用相同的密钥，即加密密钥也可以用作解密密钥。这种方法在密码学中称为对称加密算法。对称加密算法使用起来简单快捷，密钥较短，且破译困难。除了数据加密标准（DES），另一个对称加密系统是国际数据加密算法（IDEA），它比 DES 的加密性好，而且对计算机功能要求也没有那么高。

② 非对称加密。1976 年，美国学者 Dime 和 Henman 为解决信息公开传送和密钥管理问题，提出一种密钥交换协议，允许在不安全媒体上的通信双方交换信息，并安全地达成一致的密钥，这就是"公开密钥系统"。相对于"对称加密算法"，这种方法也称为"非对称加密算法"。与对称加密算法不同，非对称加密算法需要两个密钥：公开密钥和私有密钥。公开密钥与私有密钥是一对密钥，如果用公开密钥对数据进行加密，只有用对应的私有密钥才能解密；如果用私有密钥对数据进行加密，那么只有用对应的公开密钥才能解密。因为加密和解密使用的是两个不同的密钥，所以这种算法称为非对称加密算法。

2. 访问控制技术

（1）访问控制技术概念。

访问控制是指系统对用户身份及其所属的预先定义的策略组限制其使用数据资源能力的手段。通常用于系统管理员控制用户对服务器、目录、文件等网络资源的访问。访问控制是系统保密性、完整性、可用性和合法使用性的重要基础，是网络安全防范和资源保护的关键策略之一，也是主体依据某些控制策略或权限对客体本身或其资源进行的不同授权访问。

工业互联网访问控制可通过对不同系统的安全网络之间利用专门的安全设备进行隔离防护来加以实现，如利用防火墙或者在路由器上设置访问控制列表进行子网间的访问控制和数据隔离。除此之外，还可增加用户身份认证系统和用户权限管理系统，限制非法的用户访问，确保用户的真实性。合法记录用户对网络资源的访问日志，便于后续审计追溯。

（2）访问控制主要内容。

访问控制的主要功能包括保证合法用户访问授权保护的网络资源，防止非法的主体进入受保护的网络资源，或防止合法用户对受保护的网络资源进行非授权的访问。访问控制首先需要对用户身份的合法性进行验证，同时利用控制策略进行选用和管理工作。当用户身份和访问权限验证之后，还需要对越权操作进行监控。

访问控制的内容包括认证、控制策略实现和安全审计。

① 认证。认证包括主体对客体的识别及客体对主体的检验确认。

② 控制策略。控制策略指通过合理地设定控制规则集合，确保用户对信息资源在授权范围内的合法使用。既要确保授权用户的合理使用，又要防止非法用户侵权进入系统，使重要信息资源泄露。同时对合法用户，也不能越权行使权限以外的功能及超范围访问。

③ 安全审计。安全审计指系统可以自动根据用户的访问权限，对计算机网络环境下的有关活动或行为进行系统的、独立的检查验证，并做出相应的评价与审计。

（3）访问控制类型。

主要的访问控制类型有三种模式：自主访问控制、强制访问控制和基于角色的访问控制。

① 自主访问控制。

自主访问控制是一种接入控制服务，执行基于系统实体身份及其到系统资源的接入授权。包括在文件、文件夹和共享资源中设置许可，用户有权对自身所创建的文件、数据表等访问对象进行访问，并可将其访问权授予其他用户或收回其访问权限；允许访问对象的属主制定针对该对象访问的控制策略，通常可通过访问控制列表来限定针对客体可执行的操作。

② 强制访问控制。

强制访问控制是指系统强制主体服从访问控制策略，即由系统对用户所创建的对象，按照规定的规则控制用户权限及操作对象的访问。其主要特征是对所有主体及其所控制的进程、文件、段、设备等客体实施强制访问控制。在强制访问控制中，每个用户及文件都被赋予一定的安全级别，只有系统管理员才可确定用户和组的访问权限，用户不能改变自身或任何客体的安全级别。系统通过比较用户和访问文件的安全级别，决定用户是否可以访问该文件。此外，MAC 不允许通过进程生成共享文件，防止通过共享文件将信息在进程中传递。

③ 基于角色的访问控制。

角色是一定数量权限的集合，指完成一项任务必须访问的资源及相应操作权限的集合。角色作为一个用户与权限的代理层，表示为权限和用户的关系，所有的授权应该给予角色而不是直接给予用户或用户组。基于角色的访问控制是通过对角色的访问所进行的控制，使权限与角色相关联，用户通过成为适当角色的成员而得到其角色的权限，可极大地简化权限管理。为了完成某项工作可创建角色，用户可依其责任和资格分派相应的角色，角色可依新需求和系统合并赋予新权限，而权限也可根据需要从某角色中收回。这减小了授权管理的复杂性，降低了管理开销，可提高企业安全策略的灵活性。

第 3 章 工业互联网人才需求

3.1 工业互联网人才现状

3.1.1 人才现状

工业互联网的发展是工厂生产、工业制造与物联网、互联网、大数据等技术的全面融合，其行业主要有以下三个方面特点。

※ 工业互联网人才现状及分类

1. 技术门槛高

工业互联网需要具备强大的工控背景，无论做软件、硬件，还是做系统集成，都需要深入具体的应用场景，了解各种设备、接口和协议。

2. 安全性能强

工业互联网的安全体系包括设备安全、网络安全、控制安全、应用安全、数据安全和人身安全六大方面，其目标既包括数据的保密，也包括设备的稳定可靠运行。

3. 数据体量大

工业互联网的本质是以机器和人之间的网络互联为基础，通过对工业数据的全面感知处理和高级建模分析，实现生产组织方式变革，因此数据规模庞大。

工业互联网的行业特点也从侧面反映了行业较高的人才要求。传统工业中复合型人才相对稀缺，而工业互联网需要的是涵盖 IT、工业制造等多领域的复合型人才，这样的人才更是凤毛麟角。

3.1.2 人才需求

2021 年以前高校普遍没有工业互联网这个专业的人才培养方案，且专业基础教育普遍跟不上企业的发展需求。工业互联网行业人才的紧缺将会制约本行业的快速发展，进而影响整个产业转型升级，限制社会经济的发展。

拉勾大数据研究院发布的《2020 年新基建人才报告》指出，六大新基建直接相关行业的人才需求指数大幅上升，至 2020 年底，新基建相关核心技术人才缺口将达 420 万。

2017 年《制造业人才发展规划指南》中指出，到 2025 年，十大重点领域中工业互联网相关产业，"新一代信息技术产业"和"高档数控机床和机器人"人才缺口预测总计达 1 400 万。

制造业十大重点领域人才需求预测见表3.1。

表3.1　制造业十大重点领域人才需求预测　　　　　　　　　　万人

序号	十大重点领域	2015年	2020年		2025年	
		人才总量	人才总量预测	人才缺口预测	人才总量预测	人才缺口预测
1	新一代信息技术产业	1 050	1 800	750	2 000	950
2	高档数控机床和机器人	450	750	300	900	450
3	航空航天装备	49.1	68.9	19.8	96.6	47.5
4	海洋工程装备及高技术船舶	102.2	118.6	16.4	128.8	26.6
5	先进轨道交通装备	32.4	38.4	6	43	10.6
6	节能与新能源汽车	17	85	68	120	103
7	电力装备	822	1 233	411	1 731	909
8	农机装备	28.3	45.2	16.9	72.3	44
9	新材料	600	900	300	1 000	400
10	生物医药及高性能医疗器械	55	80	25	100	45

社会需求是高校人才培养的方向标，工业互联网行业人才巨大缺口加快了高校工业互联网专业建设步伐。2021年3月12日教育部印发《职业教育专业目录（2021年）》（以下简称《目录》），要求各职业院校要根据《目录》及时调整优化师资配备、开发或更新专业课程教材，《目录》中新增或调整了工业互联网专业信息，见表3.2。

表3.2　工业互联网专业信息

序号	教育层次	专业代码	专业名称	调整情况
1	专科	460310	工业互联网应用	新增
2		510211	工业互联网技术	归属调整更名（原专业：工业网络技术）
3	本科	260307	工业互联网工程	新增
4		310211	工业互联网技术	新增

3.2　工业互联网人才分类

人才是指具有一定的专业知识或专门技能，进行创造性劳动，并对社会做出贡献的人，是人力资源中能力和素质较高的劳动者。

按照国际上的分法，普遍认为人才分为学术型人才、工程型人才、技术型人才、技能型人才四类，如图3.1所示。其中，学术型人才单独分为一类，工程型、技术型与技能型人才统称为应用型人才。

图 3.1　人才分类

工业互联网是支撑工业智能化发展的新型网络基础设施，是新一代信息通信技术与先进制造业深度融合形成的新兴业态与应用模式。针对我国工业互联网人才基础薄弱、缺口较大的形势，国务院发布的《深化"互联网+先进制造业"发展工业互联网的指导意见》提出的强化专业人才支撑的重要举措，对于加快工业互联网人才培育，补齐人才结构短板，充分发挥人才支撑作用意义重大。

工业互联网发展对专业技术人才和劳动者技能素质提出了新的更高要求。目前缺乏涵盖IT、工业制造等多领域的复合型人才主要分为两大类：一是作为工业互联网提供者，缺少大量的懂工业互联网研发、服务、管理的人才；二是作为工业互联网应用者，工业企业缺少懂工业互联网使用、维护、管理的人才。

3.2.1　学术型

学术型人才是发现和研究客观规律的人才，其基础理论深厚，具有较好的学术修养和较强的研究能力。

工业互联网学术型人才主要研究工业互联网的未来发展，研究如何更好地推动工业互联网在更广范围、更深程度、更高水平上融合创新，培植壮大经济发展新动能，支撑实现企业高质量发展。工业互联网学术型人才一般需要具备扎实的专业基础、极强的理论知识。

3.2.2　工程型

工程型人才是将科学原理转变为工程或产品设计、工作规划和运行决策的人才，应具有较好的理论基础，较强的应用知识解决实际工程的能力。

工业互联网工程型人才主要完成工业互联网整体解决方案的规划和设计，为企业提供工业互联网解决方案，充分利用生产资源、提升企业生产效率、节约生产成本、完善企业生态布局。工业互联网工程型人才一般应具有扎实的理论基础和丰富的项目经验。

3.2.3 技术型

技术型人才是在生产第一线或工作现场从事为社会谋取直接利益的工作,把工程性人才或决策者的设计、规划、决策变换成物质形态或对社会产生具体作用的人才,应具有一定的理论基础,但更强调在实践中应用。

工业互联网技术型人才主要完成智能设备程序编写、调试;工业大数据采集和分析处理、数据建模分析应用、工业互联网平台的研发和测试;工业 APP 的开发、数据展示;网络安全与维护等工作。工业互联网技术型人才一般需要掌握更多的专业基础理论知识,熟练应用相关岗位软件。

3.2.4 技能型

技能型人才是指各种技艺型操作性的技术工人,主要从事操作技能方面的工作,强调工作实践的熟练程度。

工业互联网技能型人才主要掌握工业互联网边缘层设备的安装、调试、维护保养能力,一般需要熟练掌握工业机器人、PLC、智能仪器仪表、工业传感器等产品的操作和使用。在完整的工业互联网应用布局中需要技能型人才完成智能生产设备的安装、调试,以及后续对整个生产系统的维护保养工作。边缘层是工业互联网数据的来源,保证边缘智能生产设备的稳定是工业互联网系统良好运行的基础。

3.3 "三体五层"架构

2020 年《工业互联网产业人才岗位能力要求标准》对工业互联网产业划分了 8 个技术方向,分别是网络、标识、平台、工业大数据、安全、边缘、应用、运营。本书根据《工业互联网标准体系(版本 2.0)》和 2020 年《工业互联网产业人才岗位能力要求标准》,结合工业互联网人才培养特点,利用工业互联网网络、平台和安全"三大体系",将其架构总结为"五层功能",简称"三体五层",如图 3.2 所示。

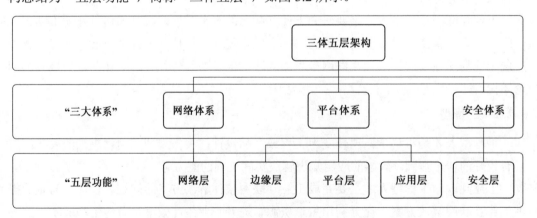

图 3.2　工业互联网"三体五层"架构

3.4 工业互联网岗位需求

工业互联网"五层功能"又分别对应不同的技术方向，不同的技术方向又衍生出相应的技术岗位。

✳ 工业互联网岗位需求

3.4.1 网络层

网络层的主要技术方向有：工业网络技术和标识解析技术。不同的技术方向衍生出不同的工业互联网岗位。

掌握工业网络技术可以从事的工业互联网网络层相关岗位有：工业互联网网络开发工程师、网络应用工程师和网络运维工程师等。

工业网络技术相关岗位需具备的核心能力有：

（1）掌握一种或多种常用脚本语言。

（2）掌握常用网络技术原理，熟悉常用网络协议和技术的配置。

（3）熟悉常用数据库、主流系统的安装和配置。

（4）熟悉虚拟化网络技术，了解主流网络架构及配置。

掌握标识解析技术可以从事的工业互联网相关岗位有：工业互联网标识解析技术研发工程师、标识解析系统集成工程师等。

标识解析技术相关岗位需具备的核心能力有：

（1）掌握常用标识解析技术应用，如二维码、RFID、NFC、图像识别技术等。

（2）了解标识解析体系相关专业技术。

（3）熟练掌握常用操作系统，可根据不同应用场景进行系统技术选型。

（4）掌握交换、路由及安全领域相关协议原理及应用。

（5）掌握信息系统架构及 IDC（互联网数据中心）基础架构知识，熟悉网络基础知识，了解 DNS、TCP/IP 协议。

3.4.2 边缘层

边缘层的主要技术方向有：工业智能技术和边缘计算技术。

掌握工业智能技术可以从事的工业互联网边缘层相关岗位有：机器人工程师、PLC 工程师、运动控制工程师、嵌入式工程师和系统集成工程师等。

工业智能技术相关岗位需具备的核心能力有：

（1）掌握智能网关、机器人、PLC、软硬件系统和通信网络的安装与调试能力。

（2）掌握弱电知识，具有综合布线等弱电的设计、部署与实施能力。

（3）熟练掌握原理图、PCB 图、电路仿真等相关设计工具。

（4）掌握常用编程语言，能够进行嵌入式系统的接口设计和开发。

掌握边缘计算技术可以从事的工业互联网边缘层相关岗位有：边缘计算研发、应用、实施工程师、PLC 工程师、运动控制工程师和嵌入式工程师等。

边缘计算技术相关岗位需具备的核心能力有：

（1）能够通过以太网接口、串口、I/O 口等接口将工业设备与边缘计算硬件相连接。

（2）熟悉工业无线网络技术，如 5G、窄带物联网、无线传感网等。

（3）熟悉边缘智能硬件的组成和工作原理，如边缘控制器、边缘网关及边缘服务器等。

（4）能够通过边缘计算设备读取工业数据，并将数据通过 HTTP、MQTT 等协议上传到工业互联网平台。

3.4.3 平台层

平台层的主要技术方向有：工业大数据技术、云计算技术、数字孪生技术。

掌握工业大数据技术可以从事的工业互联网平台层相关岗位有：大数据工程师、大数据分析工程师、大数据采集工程师等。

工业大数据技术相关岗位需具备的核心能力有：

（1）了解工业大数据应用系统的设计与搭建方法，具备制定工业大数据架构选型、数据工程、应用系统集成、应用性能优化等综合解决方案的能力。

（2）掌握数据结构、算法基础、数学建模、数据分析、数据挖掘等知识。

（3）熟悉利用常用数据分析工具进行大数据分析。

（4）掌握一种或多种常用编程语言，熟悉大数据相关数据仓库工具。

掌握云计算技术可以从事的工业互联网平台层相关岗位有：云计算研发工程师、云计算解决方案工程师、云计算运维工程师等。

云计算技术相关岗位需具备的核心能力有：

（1）掌握计算机基础、数据结构、数学建模及统计学相关知识。

（2）掌握主流 web 开发框架及技术。

（3）掌握多线程并发开发能力，有复杂系统框架应用能力。

（4）熟悉常用数据库、数据库结构及其开发技术。

掌握数字孪生技术可以从事的工业互联网平台层相关岗位有：数字孪生研发工程师、数字孪生应用工程师等。

数字孪生技术相关岗位需具备的核心能力有：

（1）熟悉虚拟化技术，了解云计算开源平台，了解相关开源技术，了解分布式理论。

（2）掌握并行计算基本原理及分布式计算框架，熟悉分布式开发环境。

（3）掌握一种或多种常用编程语言。

（4）掌握常用网络通信协议，以及多线程、高并发等专业技术。

3.4.4 应用层

应用层的主要技术方向有：人机交互技术。

掌握人机交互技术可以从事的工业互联网应用层相关岗位有：工业 APP 开发工程师、

工业互联网应用开发、维护工程师等。

人机交互技术相关岗位需具备的核心能力有：

（1）掌握物联网、大数据、人工智能、云计算、边缘计算、区块链等专业技术知识。

（2）具有工业数据、机理模型、工业知识等软件化、云化、微服务化的专业能力。

（3）熟悉主流架构及分布式架构。

（4）具有关系与非关系型数据库技术实现能力。

（5）掌握面向对象设计开发模式，具备工业互联网应用系统核心组件开发及微服务开发等能力。

3.4.5　安全层

安全层的主要技术方向有：加密技术、访问控制技术。

掌握加密技术或访问控制技术可以从事的工业互联网安全层相关岗位有：安全开发工程师、安全运维工程师等。

加密技术和访问控制技术相关岗位需具备的核心能力有：

（1）掌握一种或多种常用编程语言，熟悉一门脚本语言。

（2）熟悉网络安全架构体系，熟悉主流的操作系统、网络安全设备、工业网络通信设备、工业网络安全设备的功能特性与部署方式。

（3）熟悉当前针对工业互联网系统和软件的主流攻击技术及原理。

（4）掌握主流操作系统、网络通信设备、工业互联网安全设备等安全配置规范。

（5）熟悉 Linux 操作系统原理和操作命令，掌握常见的工业互联网安全检查工具，具备网络安全改进和安全加固的技术能力。

第 4 章　工业互联网人才培养方案

4.1　人才培养方案

工业互联网主要包含网络、平台和安全三大体系，本章所述人才培养方案围绕"三体五层"架构，按照网络、边缘、平台、应用和安全五层功能，分别介绍了各层功能的主要培养目标和专业能力，同时给出了网络层方向和安全层方向对应的职业细分领域。工业互联网人才培养方案的主要技术方向架构如图 4.1 所示。

※　工业互联网人才培养方案

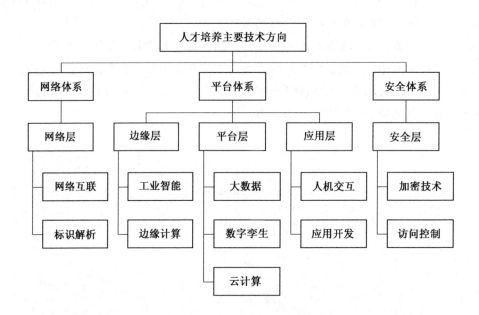

图 4.1　工业互联网人才培养方案的主要技术方向架构

4.1.1　网络层人才培养

1. 主要技术方向

网络层技术方向如图 4.2 所示。

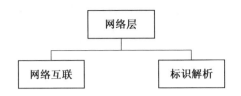

图 4.2　网络层技术方向

2. 培养目标

（1）熟悉工业互联网体系架构、工业互联网网络互联体系、标识解析体系等方面的技术发展趋势。

（2）掌握计算机系统、网络和安全、应用系统架构等相关知识。

（3）掌握通信理论基础，熟悉常用标识载体特性和技术。

（4）熟悉主流无线通信技术原理和技术规范。

（5）掌握工业网络通信系统及通信协议。

3. 专业能力

（1）熟悉 5G、时间敏感网络、工业 PON、确定性网络等新技术应用。

（2）掌握一种或多种常用编程语言，或具备其他工业编程软件编译及调试能力，具备一定的软件开发与设计能力。

（3）掌握主流网络通信技术，熟悉局域网、工业网络组网及调试。

（4）掌握主流数据库的设计或使用。

（5）熟悉物品和信息的编码标准、编码规则、分配规则、管理规则等。

4.1.2　边缘层人才培养

1. 主要技术方向

边缘层技术方向如图 4.3 所示。

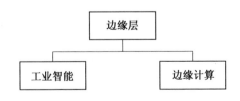

图 4.3　边缘层技术方向

2. 培养目标

（1）了解常用的工业互联网边缘计算软件系统、工业传感器、工业机床等方面的基础知识。

（2）掌握计算机原理、操作系统、编译原理、工业现场总线协议、网络通信协议等知识。

（3）掌握数字电路、模拟电路、逻辑电路等知识。

（4）熟悉云计算、边缘计算、工业互联网等概念，熟悉各类边缘计算硬件平台。

（5）掌握 Linux 嵌入式开发环境和系统移植知识，熟悉 Linux 内核。

3．专业能力

（1）熟练使用原理图、PCB 图、电路仿真等相关设计工具。

（2）熟悉 Linux 开发环境和主要调试工具，具备 Linux 开发和调试技术。

（3）掌握工业互联网协议通信配置，如 Modbus、S7、OPC UA、MQTT、HTTP 的配置等。

（4）掌握工业网关、机器人、PLC、软硬件系统和通信网络的安装与调试能力。

（5）掌握弱电知识，具有综合布线等电气设计、部署与实施能力。

4.1.3 平台层人才培养

1．主要技术方向

平台层技术方向如图 4.4 所示。

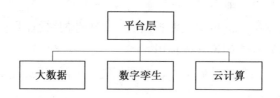

图 4.4　平台层技术方向

2．培养目标

（1）掌握数据结构、算法基础、数学建模、数据分析、数据挖掘等知识。

（2）掌握数据分析工具，如使用 Python、Matlab 等进行大数据分析。

（3）熟悉构建工业大数据平台的数据交换、存储、任务调度、计算和分析等通用平台。

（4）掌握主流系统虚拟化技术架构和实现原理，具备服务器维护与网络排错能力。

（5）熟悉物理及虚拟网络架构的相关技术，保障云计算的网络性能和稳定性。

3．专业能力

（1）掌握网络设备、服务器、基础应用平台等调试技术。

（2）掌握工业大数据应用系统的部署及维护技术。

（3）掌握一种或多种常用计算机编程语言，熟悉一门脚本语言。

（4）熟悉常用数据库的原理、部署、备份恢复、迁移、故障处理。

（5）掌握面向对象的设计开发模式，具备工业互联网应用系统核心组件开发以及微服务开发等能力。

4.1.4 应用层人才培养

1. 主要技术方向

应用层技术方向如图 4.5 所示。

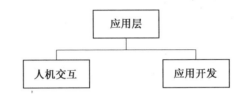

图 4.5　应用层技术方向

2. 培养目标

（1）熟悉工业互联网平台各环节的技术规范与开发流程。

（2）掌握工业互联网平台微服务技术体系，以及生产数据、设备数据、环境数据等微服务化处理的专业技术。

（3）掌握工业 APP 研发设计流程，具备应用业务模型、逻辑规划和功能设计的能力。

（4）掌握一定的数据分析方法，熟悉常用数据库软件系统的使用。

（5）了解工业 APP 测试流程，包括工业 APP 涉及的单元测试、功能测试、系统测试、性能测试等。

3. 专业能力

（1）掌握一种或多种常用计算机编程语言，熟悉一门脚本语言。

（2）熟悉 Socket 通信、TCP、HTTP 协议，以及多线程、高并发等专业技术。

（3）掌握 Oracle、SQL Server、MySql 等数据库，熟悉数据库建模，掌握 SQL 优化技术。

（4）掌握主流操作系统和运行环境下的应用开发技术。

（5）掌握软件开发流程、测试流程和测试规范，能熟练进行测试用例设计、单元测试、性能测试、自动化测试和功能测试。

4.1.5 安全层人才培养

1. 主要技术方向

安全层技术方向如图 4.6 所示。

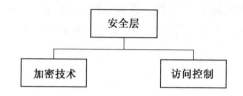

图 4.6　安全层技术方向

2. 培养目标

（1）掌握网络安全相关法律法规及现行工业互联网安全防护相关标准内容。

（2）掌握现行工业互联网安全防护、检测评估实施的相关标准内容及网络安全风险评估体系。

（3）掌握操作系统、网络安全、主流工业控制协议、常见密码算法等知识。

（4）熟悉主流的操作系统、网络安全设备、工业网络通信设备、工业网络安全设备的功能特性与部署方式。

（5）熟悉常用的操作系统原理和操作命令，掌握网络安全设备和业务系统的日常安全巡检技术。

3. 专业能力

（1）熟悉主流的针对工业互联网和工业控制系统的漏洞利用方式，掌握相关安全开发技术。

（2）熟悉主流工业控制协议，如 Modbus、PROFINET、IEC104、IEC61850、S7 等。

（3）掌握一种或多种常用编程语言，熟悉一门脚本语言。

（4）熟悉常用的操作系统原理和操作命令。

（5）掌握常见的工业互联网安全检查工具，具备网络安全改进和安全加固技术能力。

4.2　专业课程规划

围绕"三体五层"构架，本节所述工业互联网人才培养方案主要围绕平台体系进行规划，提供其细分领域边缘层和平台层方向相关的一套专业课程规划，供相关院校、企业和培训机构参考使用。各院校单位也可根据本校特色增减部分课程，以满足不同的培养需求。

4.2.1　专业课程构架

工业互联网专业课程构架如图 4.7 所示。

图 4.7　工业互联网专业课程构架

4.2.2 专业核心课程

工业互联网职业方向众多,本人才培养方案精选 9 门工业互联网平台体系应用最广的课程,不同院校可根据本校特色增减相应课程。核心推荐课程见表 4.1。

※ 专业核心课程简介

表 4.1 核心推荐课程

序号	推荐课程	推荐用书	主编/出版社
1	工业机器人技术应用	《工业机器人编程操作》	张明文 哈尔滨工业大学出版社
2	现场总线及工业控制网络技术	《现场总线及工业控制网络技术》	陈在平 电子工业出版社
3	PLC 技术应用	《PLC 编程技术应用初级教程》	张明文 哈尔滨工业大学出版社
4	运动控制技术应用	《智能运动控制技术应用初级教程》	张明文 哈尔滨工业大学出版社
5	物联网通信技术应用	《物联网通信技术及应用》	范立南、莫晔、兰丽辉 清华大学出版社
6	工业互联网智能网关技术应用	《工业互联网智能网关技术应用初级教程》	张明文 哈尔滨工业大学出版社
7	机电一体化技术应用	《智能制造与机电一体化技术》	张明文 哈尔滨工业大学出版社
8	人工智能技术应用	《人工智能技术应用初级教程》	张明文 哈尔滨工业大学出版社
9	智能控制技术专业英语	《智能控制技术专业英语》	张明文 哈尔滨工业大学出版社

1. "工业机器人技术应用"课程

"工业机器人技术应用"课程描述见表 4.2。

表 4.2 "工业机器人技术应用"课程描述

课程名称	工业机器人技术应用	课程模式	理实一体课
学期	第 3 学期	参考学时	72
推荐教材	《工业机器人编程操作（FANUC 机器人）》，张明文，哈尔滨工业大学出版社		
其他参考教材	《工业机器人应用初级教程（FANUC 机器人）》，张明文，哈尔滨工业大学出版社 《工业机器人应用初级教程（ABB 机器人）》，张明文，哈尔滨工业大学出版社 《工业机器人离线编程与仿真（FANUC 机器人）》，张明文，人民邮电出版社 《工业机器人视觉技术及应用》，张明文，人民邮电出版社		
培训认证	"1+X"及其他证书：工业机器人操作与运维，智能协作机器人技术及应用，机器视觉系统应用，工业机器人操作调整工，工业机器人装调维修工		
职业能力要求： 1. 了解工业机器人； 2. 掌握工业机器人的基本参数； 3. 掌握工业机器人的基本构成； 4. 掌握工业机器人示教器的基本组成及功能； 5. 掌握工业机器人的基础操作； 6. 掌握工业机器人的编程方法与技巧； 7. 掌握工业机器人的编程应用			
学习目标： 通过本课程的学习，使学生掌握工业机器人编程技术及程序编写基本指令，具备编写工业机器人程序的基本能力，具有分析、控制工业机器人的能力；掌握工业机器人的基础训练、搬运、码垛、焊接、打磨、喷涂、涂胶等应用的现场编程方法，培养学生较强的工程意识及创新能力			
第 1 章 FANUC 机器人简介 　1.1 FANUC 发展概述 　　1.1.1 FANUC 企业介绍 　　1.1.2 FANUC 机器人发展历程应用 　1.2 FANUC 机器人的行业概况 　　1.2.1 FANUC 机器人的市场分析 　　1.2.2 工业机器人未来前景 　1.3 FANUC 机器人的应用 　　1.3.1 在汽车行业中的应用 　　1.3.2 在食品医药行业中的应用 　　1.3.3 在金属加工中的应用 第 2 章 FANUC 机器人编程操作 　2.1 工业机器人基本概念 　　2.1.1 系统组成		2.1.2 动作类型 　　2.1.3 坐标系种类 　　2.1.4 负载设定 　　2.1.5 宏指令 　2.2 工业机器人 I/O 通信 　　2.2.1 工业机器人 I/O 通信种类 　　2.2.2 工业机器人 I/O 通信硬件连接 　2.3 基本指令 　　2.3.1 寄存器指令 　　2.3.2 I/O 信号指令 　　2.3.3 等待指令 　　2.3.4 跳过条件指令 　　2.3.5 位置补偿条件指令 　　2.3.6 坐标系指令	

续表 4.2

2.3.7 FOR/ENDFOR 指令	4.5.4 综合调试
2.4 编程基础	第 5 章 码垛应用
2.4.1 程序构成	5.1 任务分析
2.4.2 程序创建	5.1.1 任务描述
2.4.3 程序执行	5.1.2 路径规划
第 3 章 工业机器人系统外围设备的	5.2 知识要点
3.1 伺服系统	5.2.1 码垛堆积功能
3.1.1 伺服系统的组成	5.2.2 码垛指令解析
3.1.2 伺服控制应用	5.2.3 示教码垛堆积
3.2 可编程控制器	5.2.4 指令解析
3.2.1 PLC 技术基础	5.3 系统组成及配置
3.2.2 PLC 硬件结构	5.3.1 系统组成
3.2.3 PLC 编程基础	5.3.2 硬件配置
第 4 章 激光雕刻应用	5.3.3 I/O 信号配置
4.1 任务分析	5.4 编程与调试
4.1.1 任务描述	5.4.1 实施流程
4.1.2 路径规划	5.4.2 程序框架
4.2 知识要点	5.4.3 初始化程序
4.2.1 指令解析	5.4.4 码垛动作程序
4.2.2 等待超时	5.4.5 综合调试
4.2.3 定位类型	第 6 章 仓储应用
4.3 系统组成及配置	6.1 任务分析
4.3.1 系统组成	6.1.1 任务描述
4.3.2 硬件配置	6.1.2 路径规划
4.3.3 IO 信号配置	6.2 知识要点
4.4 程序设计	6.2.1 指令解析
4.4.1 实施流程	6.2.2 组 I/O 信号
4.4.2 程序框架	6.2.3 直接位置补偿指令
4.4.3 初始化程序	6.3 系统组成及配置
4.4.4 激光雕刻动作程序	6.3.1 系统组成
4.4.5 搬运动作程序	6.3.2 硬件配置
4.5 编程与调试	6.3.3 I/O 信号配置
4.5.1 工具坐标系的标定	6.4 编程与调试
4.5.2 用户坐标系的标定	6.4.1 实施流程
4.5.3 路径编写	6.4.2 程序框架

续表 4.2

6.4.3 初始化程序	7.4.5 综合调试
6.4.4 仓储应用子程序	第 8 章 综合应用
6.4.5 综合调试	8.1 任务分析
第 7 章 伺服定位控制应用	8.1.1 任务描述
7.1 任务分析	8.1.2 路径规划
7.1.1 任务描述	8.2 知识要点
7.1.2 路径规划	8.2.1 指令解析
7.2 知识要点	8.2.2 自动运转相关设置
7.2.1 伺服应用	8.3 系统组成及配置
7.2.2 PLC 应用	8.3.1 系统组成
7.3 系统组成及配置	8.3.2 硬件配置
7.3.1 系统组成	8.3.3 I/O 信号配置
7.3.2 硬件配置	8.4 编程与调试
7.3.3 I/O 信号配置	8.4.1 初始化程序
7.4 编程与调试	8.4.2 主程序
7.4.1 实施流程	8.4.3 PLC 相关程序
7.4.2 程序框架	8.4.4 综合调试
7.4.3 初始化程序	参考文献
7.4.4 伺服定位动作程序	

本课程相关配套设备如图 4.8 所示。

（a）工业互联网机器人综合实训台　　　　　　（b）场景应用

图 4.8　工业机器人技术应用课程配套设备

2. "现场总线及工业控制网络技术"课程

"现场总线及工业控制网络技术"课程描述见表 4.3。

表 4.3 "现场总线及工业控制网络技术"课程描述

课程名称	现场总线及工业控制网络技术	课程模式	理实一体课
学期	第 6 学期	参考学时	72
推荐教材	《现场总线及工业控制网络技术》,陈在平,电子工业出版社		
其他参考教材	《工业控制网络技术》,杨卫华,机械工业出版社 《智能运动控制技术应用初级教程(翠欧)》,张明文,哈尔滨工业大学出版社		
培训认证	"1+X"及其他证书:工业机器人操作与运维,智能协作机器人技术及应用		

职业能力要求:

1. 了解现场总线技术的概念、发展现状和特点;
2. 掌握现场总线和工业控制网络技术的基础概念和知识;
3. 了解和掌握串行通信技术及其应用;
4. 了解和掌握 PROFIBUS 现场总线与应用;
5. 了解和掌握 CAN 总线技术与应用;
6. 了解和掌握 DeviceNet、ControlNet 现场总线与应用;
7. 了解和掌握工业以太网技术与应用;
8. 了解和掌握工业网络集成技术

学习目标:

通过本课程的学习,使学生掌握现场总线的基础概念、特点和典型工业现场总线的基本模式,并追踪国内外该领域的技术发展;详细学习在国内处于主流地位的 Rockwell 公司的 DeviceNet、ControlNet 与西门子公司的 PROFIBUS 工业现场总线的相关技术与应用;学习工业现场总线发展趋势的工业以太网技术及工业控制网络系统的集成技术与应用实例。通过学习现场总线和工业控制网络技术,能帮助学生快速了解和掌握现代工业现场的数据、信号传输的基础构架和途径,为学生后续在工业自动化领域工作和研究打下坚实基础。

1. 现场总线概述	1.3.2 技术特点
1.1 现场总线与现场总线控制系统	1.3.3 与局域网的区别
1.1.1 现场总线的概念	2. 现场总线与工业控制网络技术基础
1.1.2 现场总线控制系统基本结构	2.1 网络与通信技术基础
1.2 现场总线的现状与发展	2.1.1 数据通信概念
1.2.1 现场总线的标准现状	2.1.2 数据传输
1.2.2 实时工业以太网的国际标准	2.1.3 数据交换技术
1.2.3 现场总线与现场总线控制系统的发展趋势	2.1.4 差错检测及控制
1.2.4 搬运设备的维修方法	2.1.5 传输介质
1.3 现场总线与现场总线控制系统的特点	2.2 局域网技术
1.3.1 结构特点	2.2.1 局域网概述

续表 4.3

2.2.2 局域网的关键技术	4.2.2 光纤传输技术
2.2.3 局域网的参考模型	4.2.3 MBP 传输技术
2.2.4 以太网技术	4.2.4 打磨设备的维修方法
2.3 局域网的互联	4.3 PROFIBUS 数据链路层
2.3.1 网络互联设备	4.3.1 PROFIBUS 总线存取协议概述
2.3.2 交换式控制网络	4.3.2 PROFIBUS 总线访问协议的特点
3. 串行通信技术及其应用	4.3.3 数据链路层服务类型和报文格式
3.1 串行通信概述	4.4 PROFIBUS 通信原理
3.1.1 串行通信与并行通信	4.4.1 PROFIBUSDP 的基本功能
3.1.2 串行通信原理	4.4.2 扩展的 DP 功能
3.1.3 串行通信的数据传输	4.5 S7300/400 网络通信
3.2 RS-232 串行通信及其应用	4.5.1 概述
3.2.1 RS-232 串行通信	4.5.2 MPI 通信
3.2.2 RS-232 串行通信应用	4.5.3 PROFIBUS 总线设置和属性
3.3 RS485 串行通信及其应用	4.6 PROFIBUS 行规和 GSD 文件
3.3.1 RS-485 串行通信	4.6.1 通用应用行规
3.3.2 RS485 串行通信应用	4.6.2 专用行规
3.4 RS232 与 RS485 串行通信接口转换	4.6.3 GSD 文件
3.4.1 RS-232 串行接口	4.7 PROFIBUS 系统配置及设备选型
3.4.2 RS-485 串行接口	4.7.1 使用它的自动化控制应考虑的问题
3.4.3 RS-232 与 RS-485 的接口转换	4.7.2 系统结构规划
3.5 MODBUS 协议串行通信及其应用	4.7.3 与车间或全厂自动化系统连接
3.5.1 MODBUS 通信协议	4.7.4 PROFIBUS 主站的选择
3.5.2 两种传输方式	4.7.5 PROFIBUS 从站的选择
3.5.3 MODBUS 消息帧	4.7.6 PC 主机的编程终端及监控操作站的选型
3.5.4 错误检测方法	4.7.7 PROFIBUS 系统配置
3.5.5 MODBUS 应用实例	4.8 基于 WinAC 的 PROFIBUS 现场总线系统
4. PROFIBUS 现场总线与应用	4.8.1 WinAC 简介
4.1 PROFIBUS 现场总线技术概述	4.8.2 现场总线系统组态步骤与过程
4.1.1 PROFIBUS 的发展历程	4.9 基于 PROFIBUS 现场总线的远程监控系统
4.1.2 PROFIBUS 的分类	4.9.1 体系结构
4.1.3 PROFBUS 工厂自动化系统中	4.9.2 底层控制层
4.1.4 PROFIRUS 的协议结构	5. CAN 总线技术与应用
4.2 PROFBUS 的物理层	5.1 CAN 总线概述
4.2.1 采用 RS 485 的传输技术	5.1.1 CAN 总线技术特点

续表 4.3

5.1.2 基本术语与概念	6.3.1 现场总线控制系统的组态技术
5.2 CAN 总线技术协议规范	6.3.2 现场总线控制系统的冗余技术
5.2.1 CAN 协议的分层结构	6.4 DeviceNet 与 ControlNet 现场总线的实例
5.2.2 报文传送与帧结构	6.4.1 铜冶炼电解工艺总线控制系统设计
5.2.3 错误类型与界定	6.4.2 卷烟厂生产线的总线控制系统设计
5.2.4 位定时与同步要求	7. 工业以太网技术与应用
5.2.5 CAN 总线系统位数值表示与通信距离	7.1 概述
5.3 典型 CAN 控制器	7.2 原理及体系结构
5.3.1 CAN 通信控制器 SJA1000	7.2.1 通信模型
5.3.2 具有 SPI 接口的 CAN 控制器 MCP2515	7.2.2 以太网体系结构
5.4 嵌入 CAN 控制器的单片机 P8xC591	7.2.3 工业以太网网络拓扑结构
5.4.1 概述	7.2.4 传输介质
5.4.2 引脚功能	7.2.5 工业以太网通信的实时性
5.4.3 P8xC591 的 PeliCAN 特性和结构	7.2.6 工业以太网的网络生存性与可用性
5.4.4 PeliCAN 与 CPU 之间的接口	7.2.7 工业以太网的网络安全
5.5 CAN 总线收发器	7.2.8 工业以太网传输距离
5.5.1 PCA82（250 / 251）	7.2.9 互可操作性与应用层协议
5.5.2 TJA 1050	7.3 工业以太网通信设备及组网技术
5.6 CAN 总线应用	7.3.1 工业以太网产
5.6.1 CAN 总线通信距离与节点数量的确定	7.3.2 工业以太网组网技术
5.6.2 总线终端及网络拓扑结构	7.4 应用实例
5.6.3 CAN 总线在检测系统中的应用	8. 工业网络集成技术
5.6.4 基于 CAN 总线的环境控制系统设计	8.1 控制网络与信息网络继承的网络互联技术
5.6.5 基于 CAN 总线的井下风机监控设计	8.1.1 控制网络与信息网络之间的转换接口
6. DeviceNet、ContolINet 现场总线与应用	8.1.2 基于 DDE 的控制网络和信息网络的集成
6.1 DeviceNet 现场总线技术	8.1.3 实现控制网络和信息网络的集成
6.2 ContolNet 现场总线技术	8.1.4 数据库访问技术集成控制和信息网络
6.2.1 ControlNet 概述	8.1.5 采用 OPC 技术集成控制和信息网络
6.2.2 ControlNet 的传输介质	8.1.6 控制与信息网络互联集成的若干问题
6.2.3 ControlNet 网络参考模型	8.2 现场总线控制系统网络之间的集成
6.2.4 数据链路层	8.2.1 基于 OPC 的集成方法（系统级集成）
6.2.5 网络层与传输层	8.2.2 设备级集成
6.2.6 对象模型	8.3 OPC 技术及基于 OPC 的现场总线系统集成
6.2.7 设备描述	8.3.1 COM 基础
6.2.8 ControNet 设备简介	8.3.2 OPC 技术规范
6.2.9 ControNet 的设备开发	8.3.3 OPC 数据访问（DA）服务器的开发测试
6.3 现场总线控制系统的组态与冗余技术	8.3.4 OPC 客户端的开发及测试
	8.3.5 OPC 技术在异构现场总线系统的应用

本课程相关配套设备如图 4.9 所示。

（a）装配工作站　　　　　　　　　（b）场景应用

图 4.9　"现场总线及工业控制网络技术"课程配套设备

3. "PLC 技术应用"课程

"PLC 技术应用"课程描述见表 4.4。

表 4.4　"PLC 技术应用"课程描述

课程名称	PLC 技术应用	课程模式	理实一体课
学期	第 3 学期	参考学时	72
推荐教材	《PLC 编程技术应用初级教程（西门子）》，张明文，哈尔滨工业大学出版社		
其他参考教材	《S7-1200PLC 编程与应用》，朱文杰，中国电力出版社 《智能制造与 PLC 技术应用初级教程》，张明文，哈尔滨工业大学出版社		
培训认证	"1+X" 及其他证书：可编程控制器系统应用编程		
职业能力要求： 1. 了解 PLC 基础知识； 2. 掌握 PLC 的基本组态； 3. 掌握 PLC 的基本数据通信； 4. 掌握 PLC 的基本操作； 5. 掌握 HMI 的基础操作； 6. 掌握 PLC 的编程方法与技巧； 7. 相关原理与实践相结合，掌握 PLC 的项目应用			
学习目标： 　　通过本课程的学习，使学生掌握 PLC 程序基本指令和基本数据通信方法，具备编写 PLC 程序的基本能力，具有分析项目、通过控制 PLC 达到生产目标的能力；掌握 PLC 基本逻辑控制、PROFINET 通信、步进电机控制、伺服电机控制等应用的现场编程方法，培养学生较强的工程意识及创新能力			

续表 4.4

第一部分　基础理论	第 3 章　PLC 系统编程基础
第 1 章　工业控制器概况	3.1　编程软件简介及安装
1.1　工业控制器产业概况	3.1.1　编程软件介绍
1.2　PLC 发展概况	3.1.2　编程软件安装
1.2.1　国外发展历程	3.2　软件使用
1.2.2　国内发展现状	3.2.1　主界面
1.2.3　产业发展趋势	3.2.2　菜单栏
1.3　PLC 技术基础	3.2.3　工具栏
1.3.1　PLC 组成	3.2.4　常用窗口
1.3.2　PLC 分类	3.3　编程语言
1.3.3　主要技术参数	3.3.1　语言介绍
1.4　PLC 应用	3.3.2　数据类型
1.4.1　逻辑控制应用	3.3.3　常用指令
1.4.2　数据处理应用	3.3.4　程序结构
1.4.3　运动控制应用	3.3.5　编程示例
1.4.4　网络控制应用	3.4　编程调试
1.5　PLC 人才培养	3.4.1　项目创建
1.5.1　人才分类	3.4.2　程序编写
1.5.2　产业人才现状	3.4.3　项目调试
1.5.3　产业人才职业规划	第二部分　项目应用
1.5.4　产教融合学习方法	第 4 章　基于逻辑控制的信号灯项目
第 2 章　PLC 产教应用系统	4.1　项目目的
2.1　PLC 简介	4.1.1　项目背景
2.1.1　PLC 介绍	4.1.2　项目需求
2.1.2　PLC 基本组成	4.1.3　项目目的
2.1.3　PLC 技术参数	4.2　项目分析
2.2　产教应用系统简介	4.2.1　项目构架
2.2.1　产教应用系统介绍	4.2.2　项目流程
2.2.2　基本组成	4.3　项目要点
2.2.3　产教典型应用	4.3.1　结构化编程
2.3　关联硬件	4.3.2　I/O 通信
2.3.1　电子手轮	4.3.2　指令的添加
2.3.2　步进电机技术基础	4.4　项目步骤
2.3.3　伺服电机技术基础	4.4.1　应用系统连接
2.3.4　触摸屏技术基础	4.4.2　应用系统配置

续表 4.4

4.4.3 主体程序设计	第 6 章 基于电子手轮的高速计数项目
4.4.4 关联程序设计	6.1 项目目的
4.4.5 项目程序调试	6.1.1 项目背景
4.4.6 项目总体运行	6.1.2 项目需求
4.5 项目验证	6.1.3 项目目的
4.5.1 效果验证	6.2 项目分析
4.5.2 数据验证	6.2.1 项目构架
4.6 项目总结	6.2.2 项目流程
4.6.1 项目评价	6.3 项目要点
4.6.2 项目拓展	6.3.1 电子手轮
第 5 章 基于 PROFINET 协议的通信项目	6.3.2 高速计数器介绍
5.1 项目目的	6.3.3 高速计数器指令
5.1.1 项目背景	6.3.4 移动值指令
5.1.2 项目需求	6.4 项目步骤
5.1.3 项目目的	6.4.1 应用系统连接
5.2 项目分析	6.4.2 应用系统配置
5.2.1 项目构架	6.4.3 主体程序设计
5.2.2 项目流程	6.4.4 关联程序设计
5.3 项目要点	6.4.5 项目程序调试
5.3.1 PROFINET 协议	6.4.6 项目总体运行
5.3.2 触摸屏应用基础	6.5 项目验证
5.3.3 SR 触发器	6.5.1 效果验证
5.4 项目步骤	6.5.2 数据验证
5.4.1 应用系统连接	6.6 项目总结
5.4.2 应用系统配置	6.6.1 项目评价
5.4.3 主体程序设计	6.6.2 项目拓展
5.4.4 关联程序设计	第 7 章 基于脉冲控制的步进定位项目
5.4.5 项目程序调试	7.1 项目目的
5.4.6 项目总体运行	7.1.1 项目背景
5.5 项目验证	7.1.2 项目需求
5.5.1 效果验证	7.1.3 项目目的
5.5.2 数据验证	7.2 项目分析
5.6 项目总结	7.2.1 项目构架
5.6.1 项目评价	7.2.2 项目流程
5.6.2 项目拓展	7.3 项目要点

续表 4.4

7.3.1　步进系统设置	8.4.5　项目程序调试
7.3.2　工艺对象	8.4.6　项目总体运行
7.3.3　运动控制指令	8.5　项目验证
7.4　项目步骤	8.5.1　效果验证
7.4.1　应用系统连接	8.5.2　数据验证
7.4.2　应用系统配置	8.6　项目总结
7.4.3　主体程序设计	8.6.1　项目评价
7.4.4　关联程序设计	8.6.2　项目拓展
7.4.5　项目程序调试	第 9 章　基于伺服控制的绝对定位项目
7.4.6　项目总体运行	9.1　项目目的
7.5　项目验证	9.1.1　项目背景
7.5.1　效果验证	9.1.2　项目需求
7.5.2　数据验证	9.1.3　项目目的
7.6　项目总结	9.2　项目分析
7.6.1　项目评价	9.2.1　项目构架
7.6.2　项目拓展	9.2.2　项目流程
第 8 章　基于总线控制的伺服定位项目	9.3　项目要点
8.1　项目目的	9.3.1　触摸屏文本列表
8.1.1　项目背景	9.3.2　绝对运动指令
8.1.2　项目需求	9.3.3　比较指令
8.1.3　项目目的	9.4　项目步骤
8.2　项目分析	9.4.1　应用系统连接
8.2.1　项目构架	9.4.2　应用系统配置
8.2.2　项目流程	9.4.3　主体程序设计
8.3　项目要点	9.4.4　关联程序设计
8.3.1　GSD 管理	9.4.5　项目程序调试
8.3.2　伺服系统的设置	9.4.6　项目总体运行
8.3.3　PROFIdrive 驱动装置	9.5　项目验证
8.3.4　触摸屏画面切换	9.5.1　效果验证
8.4　项目步骤	9.5.2　数据验证
8.4.1　应用系统连接	9.6　项目总结
8.4.2　应用系统配置	9.6.1　项目评价
8.4.3　主体程序设计	9.6.2　项目拓展
8.4.4　关联程序设计	参考文献

本课程相关配套设备如图 4.10 所示。

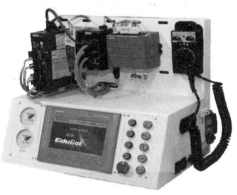

(a) 智能 PLC 实训系统　　　　　　　(b) 场景应用

图 4.10　"PLC 技术应用"课程配套设备

4. "运动控制技术应用"课程

"运动控制技术应用"课程描述见表 4.5。

表 4.5　"运动控制技术应用"课程描述

课程名称	运动控制技术应用	课程模式	理实一体课
学期	第 4 学期	参考学时	72
推荐教材	《智能运动技术应用初级教程（翠欧）》，张明文，哈尔滨工业大学出版社		
其他参考教材	《工业机器人运动控制技术》，张明文，哈尔滨工业大学出版社 《智能移动技术应用初级教程（博众）》，张明文，哈尔滨工业大学出版社		
培训认证	"1+X"及其他证书：智能运动控制系统集成与应用		
职业能力要求： 　1. 了解运动控制基础知识； 　2. 掌握运动控制器的基本指令； 　3. 掌握运动控制器的逻辑控制； 　4. 掌握运动控制器的单轴定位运动； 　5. 掌握运动控制器的主从飞剪随动控制； 　6. 掌握运动控制器的多轴 SCARA 机器人运动			
学习目标： 　通过本课程的学习，使学生掌握运动控制器基本指令和基本数据通信方法，具备编写运动控制程序的基本能力，具有分析项目、通过运动控制器达到多轴控制的能力；掌握运动控制器基本逻辑控制、MODBUS 通信、单轴定位运动、两轴 XY 联动、主从飞剪随动等应用的现场编程方法，培养学生较强的工程意识及创新能力			

续表 4.5

第一部分　基础理论	3.1.1　运动控制器软件介绍
第1章　运动控制技术概况	3.1.2　运动控制器软件安装
1.1　运动控制技术概况	3.2　软件界面
1.2　运动控制技术发展概况	3.2.1　主界面
1.2.1　国外发展现状	3.2.2　主菜单
1.2.2　国内发展现状	3.2.3　工具栏
1.2.3　产业发展趋势	3.2.4　常用窗口
1.3　运动控制技术基础	3.3　编程语言
1.3.1　运动控制系统组成	3.3.1　语言介绍
1.3.2　运动控制系统分类	3.3.2　数据类型
1.3.3　主要技术参数	3.3.3　常用指令
1.4　运动控制技术应用	3.3.4　编程示例
1.4.1　机械加工应用	3.4　编程调试
1.4.2　自动化设备应用	3.4.1　项目创建
1.4.3　工业机器人应用	3.4.2　程序编写
1.5　运动控制技术人才培养	3.4.3　项目调试
1.5.1　人才分类	第二部分　项目应用
1.5.2　产业人才现状	第4章　基于逻辑控制的指示灯项目
1.5.3　产业人才职业规划	4.1　项目目的
1.5.4　产业融合学习方法	4.1.1　项目背景
第2章　运动控制产教应用系统	4.1.2　项目需求
2.1　运动控制器简介	4.1.3　项目目的
2.1.1　运动控制器介绍	4.2　项目分析
2.1.2　运动控制器基本组成	4.2.1　项目构架
2.1.3　运动控制器技术参数	4.2.2　项目流程
2.2　产教应用系统简介	4.3　项目要点
2.2.1　产教应用系统简介	4.3.1　多任务处理
2.2.2　基本组成	4.3.2　初始化程序
2.2.3　产教典型应用	4.3.3　I/O 通信
2.3　关联硬件应用基础	4.3.4　边沿检测
2.3.1　PLC 技术基础	4.4　项目步骤
2.3.2　触摸屏技术基础	4.4.1　应用系统连接
2.3.3　伺服系统技术基础	4.4.2　应用系统配置
第3章　运动控制器系统编程基础	4.4.3　主体程序设计
3.1　运动控制器软件简介及安装	4.4.4　关联程序设计

续表 4.5

4.4.5 项目程序调试	6.1.1 项目背景
4.4.6 项目总体运行	6.1.2 项目需求
4.5 项目验证	6.1.3 项目目的
4.5.1 效果验证	6.2 项目分析
4.5.2 数据验证	6.2.1 项目构架
4.6 项目总结	6.2.2 项目流程
4.6.1 项目评价	6.3 项目要点
4.6.2 项目拓展	6.3.1 EtherCAT 总线
第 5 章 基于 MODBUS 协议的通信项目	6.3.2 轴参数配置
5.1 项目目的	6.3.3 伺服系统回零
5.1.1 项目背景	6.3.4 伺服运动参数
5.1.2 项目需求	6.4 项目步骤
5.1.3 项目目的	6.4.1 应用系统连接
5.2 项目分析	6.4.2 应用系统配置
5.2.1 项目构架	6.4.3 主体程序设计
5.2.2 项目流程	6.4.4 关联程序设计
5.3 项目要点	6.4.5 项目程序调试
5.3.1 MODBUS 通信	6.4.6 项目总体运行
5.3.2 变量状态获取	6.5 项目验证
5.3.3 子程序功能	6.5.1 效果验证
5.4 项目步骤	6.5.2 数据验证
5.4.1 应用系统连接	6.6 项目总结
5.4.2 应用系统配置	6.6.1 项目评价
5.4.3 主体程序设计	6.6.2 项目拓展
5.4.4 关联程序设计	第 7 章 基于双轴运动的 XY 机器人项目
5.4.5 项目程序调试	7.1 项目目的
5.4.6 项目总体运行	7.1.1 项目背景
5.5 项目验证	7.1.2 项目需求
5.5.1 效果验证	7.1.3 项目目的
5.5.2 数据验证	7.2 项目分析
5.6 项目总结	7.2.1 项目构架
5.6.1 项目评价	7.2.2 项目流程
5.6.2 项目拓展	7.3 项目要点
第 6 章 基于单轴运动的定位项目	7.3.1 轴地址偏移
6.1 项目目的	7.3.2 自动初始化网络

续表 4.5

7.3.3　系统文件配置	8.4.6　项目总体运行
7.3.4　虚拟仿真功能	8.5　项目验证
7.4　项目步骤	8.5.1　效果验证
7.4.1　应用系统连接	8.5.2　数据验证
7.4.2　应用系统配置	8.6　项目总结
7.4.3　主体程序设计	8.6.1　项目评价
7.4.4　关联程序设计	8.6.2　项目拓展
7.4.5　项目程序调试	第9章　基于多轴运动的 SCARA 机器人项目
7.4.6　项目总体运行	9.1　项目目的
7.5　项目验证	9.1.1　项目背景
7.5.1　效果验证	9.1.2　项目需求
7.5.2　数据验证	9.1.3　项目目的
7.6　项目总结	9.2　项目分析
7.6.1　项目评价	9.2.1　项目构架
7.6.2　项目拓展	9.2.2　项目流程
第8章　基于电子齿轮的飞剪项目	9.3　项目要点
8.1　项目目的	9.3.1　机器人运动学
8.1.1　项目背景	9.3.2　运动学参数
8.1.2　项目需求	9.3.3　坐标系功能
8.1.3　项目目的	9.4　项目步骤
8.2　项目分析	9.4.1　应用系统连接
8.2.1　项目构架	9.4.2　应用系统配置
8.2.2　项目流程	9.4.3　主体程序设计
8.3　项目要点	9.4.4　关联程序设计
8.3.1　终端功能	9.4.5　项目程序调试
8.3.2　电子齿轮运动	9.4.6　项目总体运行
8.3.3　多段速控制	9.5　项目验证
8.3.4　示波器功能	9.5.1　效果验证
8.4　项目步骤	9.5.2　数据验证
8.4.1　应用系统连接	9.6　项目总结
8.4.2　应用系统配置	9.6.1　项目评价
8.4.3　主体程序设计	9.6.2　项目拓展
8.4.4　关联程序设计	参考文献
8.4.5　项目程序调试	

本课程相关配套设备如图 4.11 所示。

（a）智能运动控制实验台

（b）场景应用

图 4.11 "运动控制技术应用"课程配套设备

5. "物联网通信技术应用"课程

"物联网通信技术应用"课程描述见表 4.6。

表 4.6 "物联网通信技术应用"课程描述

课程名称	物联网通信技术应用	课程模式	理实一体课
学期	第 3 学期	参考学时	72
推荐教材	《物联网通信技术及应用》，范立南，莫晔，兰丽辉，清华大学出版社		
其他参考教材	《物联网通信技术及应用》，李旭，刘颖，北京交通大学出版社		
培训认证	"1+X"及其他证书：物联网工程实施与运维		
职业能力要求： 1. 了解物联网通信的现状和未来； 2. 掌握基本通信原理； 3. 掌握 ZigBee 通信技术； 4. 掌握蓝牙通信技术； 5. 掌握 RFID 技术； 6. 掌握 Wi-Fi 通信技术； 7. 掌握移动通信技术； 8. 掌握物联网通信技术的综合应用			
学习目标： 通过本课程的学习，使学生掌握物联网通信技术的基本概念、原理和关键技术，培养学生较强的工程意识及创新能力，为学生今后从事相关实际工作打下基础			

续表 4.6

第1章 物联网通信技术概述	2.4.4 并行传输
1.1 物联网通信的起源及发展	2.4.5 串行传输
1.1.1 物联网通信的产生	2.5 信息及其度量
1.1.2 物联网通信的现状和未来	2.6 通信系统的主要性能指标
1.1.3 物联网的内涵	本章小结
1.1.4 物联网的体系结构	习题
1.2 物联网通信系统	第3章 ZigBee 通信技术
1.2.1 物联网感知控制层通信技术	3.1 ZigBee 技术概述
1.2.2 物联网网络传输层通信技术	3.1.1 ZigBee 技术的形成、发展
1.3 物联网通信技术的发展前景	3.1.2 ZigBee 技术的特点
1.3.1 物联网通信的发展所面临的问题	3.1.3 ZigBee 技术的应用
1.3.2 物联网通信技术的发展方向	3.2 ZigBee 协议栈
本章小结	3.2.1 物理层
习题	3.2.2 数据链路层
第2章 通信原理	3.2.3 网络层
2.1 通信的基本概念	3.2.4 应用层
2.1.1 通信的目的	3.2.5 Z-Stack 协议栈
2.1.2 实现通信的方式和手段	3.2.6 ZigBee 原语
2.2 通信系统的组成	3.3 ZigBee 网络的拓扑结构
2.2.1 通信系统的一般模型	3.3.1 设备类型
2.2.2 模拟信号	3.3.2 节点类型
2.2.3 数字信号	3.3.3 拓扑结构类型
2.2.4 模拟通信系统	3.4 ZigBee 网络的路由协议
2.2.5 数字通信系统	3.4.1 网络层地址分配机制
2.3 通信系统的分类	3.4.2 ZigBee 网络路由的数据结构
2.3.1 按通信业务分类	3.4.3 ZigBee 网络的路由算法
2.3.2 按调制方式分类	3.4.4 ZigBee 网络的路由机制
2.3.3 按信号特征分类	3.5 ZigBee 网络的组建
2.3.4 按传输媒介分类	3.5.1 ZigBee 网络的初始化
2.3.5 按工作波段分类	3.5.2 设备节点加入 ZigBee 网络
2.3.6 按信号复用方式分类	3.5.3 智能家居系统的组建
2.4 通信方式	本章小结
2.4.1 单工通信	习题
2.4.2 半双工通信	第4章 蓝牙通信技术
2.4.3 全双工通信	4.1 蓝牙技术的概论

续表 4.6

4.1.1 蓝牙技术的发展	5.4.2 RFID 典型应用及案例
4.1.2 蓝牙技术的特点	本章小结
4.1.3 蓝牙技术的版本	习题
4.2 蓝牙技术协议体系结构	第 6 章 Wi-Fi 通信技术
4.2.1 底层硬件模块	6.1 Wi-Fi 技术简介
4.2.2 中间协议层	6.1.1 Wi-Fi 技术的基本概念
4.2.3 高端应用层	6.1.2 无线局域网简介
4.3 蓝牙网络连接	6.1.3 WLAN 架构
4.3.1 微微网和散射网	6.1.4 Wi-Fi 的主要协议
4.3.2 蓝牙网络的状态	6.2 WLAN 的物理层
4.4 蓝牙通信	6.2.1 物理层传输概述
4.5 蓝牙的应用领域	6.2.2 直序列扩频技术
4.5.1 蓝牙耳机	6.2.3 跳频扩频技术
4.5.2 蓝牙手机	6.2.4 正交频分复用技术
4.5.3 蓝牙 PC 卡	6.3 WLAN 的媒体访问控制层
4.5.4 蓝牙 USB 适配器	6.3.1 MAC 层主要功能
4.5.5 蓝牙网络接入点	6.3.2 MAC 帧主体框架结构
4.5.6 蓝牙打印机	6.3.3 MAC 管理信息帧结构
4.5.7 蓝牙 PDA	6.3.4 MAC 控制信息帧结构
本章小结	6.3.5 MAC 数据帧结构
习题	6.4 Wi-Fi 组网及应用
第 5 章 RFID 技术	6.4.1 无线局域网的组成
5.1 RFID 简介	6.4.2 无线局域网的拓扑结构
5.1.1 RFID 的基本概念	6.4.3 家庭 Wi-Fi 组网实例
5.1.2 RFID 发展历程	本章小结
5.1.3 RFID 系统与物联网	习题
5.2 RFID 系统组成与工作原理	第 7 章 移动通信技术
5.2.1 RFID 系统组成	7.1 移动通信技术概述
5.2.2 RFID 工作原理	7.1.1 移动通信的发展
5.2.3 RFID 网络框架结构	7.1.2 移动通信系统的组成
5.3 RFID 技术标准与关键技术	7.1.3 移动通信的组网覆盖
5.3.1 RFID 技术标准	7.1.4 多址方式和双工方式
5.3.2 RFID 关键技术	7.2 第二代移动通信技术
5.4 RFID 技术应用	7.2.1 2G 网络通信技术概述及发展历史
5.4.1 RFID 主要应用领域与频段	7.2.2 GSM 系统网络结构及接口

续表 4.6

7.2.3 GSM 系统的号码	8.1.4 M2M 应用实例
7.2.4 GSM 2.5G 数据传输技术	8.2 WSN 技术
7.3 第三代移动通信技术	8.2.1 WSN 核心功能
7.3.1 3G 网络技术概述	8.2.2 WSN 的应用特点
7.3.2 3G 网络关键技术	8.2.3 WSN 的应用
7.4 第四代移动通信技术	8.3 智能家居
7.4.1 4G 网络技术概述	8.3.1 家庭自动化
7.4.2 4G 网络的关键技术	8.3.2 家庭网络
7.5 第五代移动通信技术展望	8.3.3 网络家电
本章小结	8.3.4 信息家电
习题	8.4 智慧城市
第 8 章 物联网通信技术的综合应用	8.4.1 智慧城市概念
8.1 M2M 技术	8.4.2 智慧城市设计的重点应用
8.1.1 M2M 系统架构	本章小结
8.1.2 M2M 系统结构的特点	习题
8.1.3 M2M 技术组成	参考文献

本课程相关配套设备如图 4.12 所示。

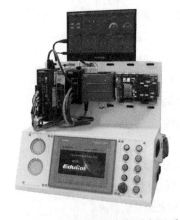

（a）工业互联网智能边缘桌面实训系统　　　　（b）场景应用

图 4.12 "物联网通信技术应用"课程配套设备

6. "工业互联网智能网关技术应用"课程

"工业互联网智能网关技术应用"课程描述见表 4.7。

表4.7 "工业互联网智能网关技术应用"课程描述

课程名称	工业互联网智能网关技术应用	课程模式	理实一体课
学期	第3学期	参考学时	72
推荐教材	《工业互联网智能网关技术应用初级教程》,张明文,哈尔滨工业大学出版社		
其他参考教材	《工业互联网智能网关技术应用初级教程(西门子)》,张明文,哈尔滨工业大学出版社		
培训认证	"1+X"及其他证书:工业数据采集与边缘服务		

职业能力要求:
1. 了解工业互联网的发展历程、组成和分类;
2. 掌握智能仪器仪表的基本操作与使用;
3. 掌握工业控制器的基本操作;
4. 掌握工业互联网的专业术语;
5. 掌握工业互联网智能网关的基本操作与使用;
6. 掌握工业互联网智能网关数据采集应用;
7. 掌握工业互联网智能网关与云平台数据交互应用

学习目标:

通过本课程的学习,使学生认识、了解、掌握工业互联网的基础理论;了解工业互联网智能网关的基本操作与应用;初步掌握工业控制器的基本操作,了解其工作原理和数据通信功能;基本掌握智能网关在工业互联网中的数据采集和云平台交互功能,可以对智能装备进行数据采集和上传云平台;培养学生较强的工程意识及创新能力,为后续专业课的学习及学生以后的职业生涯奠定坚实的基础

第一部分 理论基础	1.5.1 人才分类
第1章 工业互联网概况	1.5.2 工业互联网产业人才现状
1.1 工业互联网产业概况	1.5.3 工业互联网产业人才职业规划
1.2 工业互联网发展概况	1.5.4 工业互联网产业教育学习方法
1.2.1 工业互联网发展历程	第2章 工业互联网智能网关产教应用系统
1.2.2 工业互联网发展现状	2.1 工业互联网智能网关简介
1.2.3 工业互联网发展趋势	2.1.1 ENGATEWAY 智能网关介绍
1.3 工业互联网技术基础	2.1.2 ENGATEWAY 基本组成
1.3.1 工业互联网组成	2.1.3 主要技术参数
1.3.2 工业互联网分类	2.2 产教应用系统简介
1.4 工业互联网应用	2.2.1 产教应用系统简介
1.4.1 生产过程优化	2.2.2 基本组成
1.4.2 管理决策优化	2.2.3 产教典型行业应用
1.4.3 资源配置优化	2.3 关联硬件应用基础
1.4.4 产品全生命周期优化	2.3.1 PLC 应用基础
1.5 工业互联网人才培养	2.3.2 人机界面应用基础

续表 4.7

2.3.3 伺服电机应用基础
2.3.4 智能仪表应用基础
第 3 章 ENGATEWAY 智能网关编程基础
3.1 Node-RED 软件简介及安装
  3.1.1 Node-RED 软件介绍
  3.1.2 Node-RED 软件安装
3.2 软件功能简介
  3.2.1 控件区
  3.2.2 工作区
  3.2.3 工具栏
  3.2.4 调试信息区
3.3 编程语言
  3.3.1 语言介绍
  3.3.2 基本概念
  3.3.3 编程调试
3.4 功能节点使用
  3.4.1 Inject 节点
  3.4.2 Debug 节点
第二部分 项目应用
第 4 章 基于 ENGATEWAY 的基础编程项目
4.1 项目目的
  4.1.1 项目背景
  4.1.2 项目目的
  4.1.3 项目内容
4.2 项目分析
  4.2.1 项目构架
  4.2.2 项目流程
4.3 项目要点
  4.3.1 function 节点
  4.3.2 switch 节点
  4.3.3 random 节点
4.4 项目步骤
  4.4.1 应用系统连接
  4.4.2 应用系统配置
  4.4.3 主体程序设计

  4.4.4 关联程序设计
  4.4.5 项目程序调试
  4.4.6 项目总体运行
4.5 项目验证
  4.5.1 效果验证
  4.5.2 数据验证
4.6 项目总结
  4.6.1 项目评价
  4.6.2 项目拓展
第 5 章 基于 ENGATEWAY 的可视化编程项目
5.1 项目目的
  5.1.1 项目背景
  5.1.2 项目目的
  5.1.3 项目内容
5.2 项目分析
  5.2.1 项目构架
  5.2.2 项目流程
5.3 项目要点
  5.3.1 dashboard 功能介绍
  5.3.2 dashboard 节点安装
  5.3.3 dashboard 节点布局
  5.3.4 dashboard 节点应用
5.4 项目步骤
  5.4.1 应用系统连接
  5.4.2 应用系统配置
  5.4.3 主体程序设计
  5.4.4 关联程序设计
  5.4.5 项目程序调试
  5.4.6 项目总体运行
5.5 项目验证
  5.5.1 效果验证
  5.5.2 数据验证
5.6 项目总结
  5.6.1 项目评价
  5.6.2 项目拓展

续表 4.7

第 6 章 基于 ENGATEWAY 与 PLC 的数据交互项目	7.4 项目步骤
6.1 项目目的	7.4.1 应用系统连接
6.1.1 项目背景	7.4.2 应用系统配置
6.1.2 项目目的	7.4.3 主体程序设计
6.1.3 项目内容	7.4.4 关联程序设计
6.2 项目分析	7.4.5 项目程序调试
6.2.1 项目构架	7.4.6 项目总体运行
6.2.2 项目流程	7.5 项目验证
6.3 项目要点	7.5.1 效果验证
6.3.1 PLC 系统构建	7.5.2 数据验证
6.3.2 S7 通信功能节点	7.6 项目总结
6.4 项目步骤	7.6.1 项目评价
6.4.1 应用系统连接	7.6.2 项目拓展
6.4.2 应用系统配置	第 8 章 基于 ENGATEWAY 与智能仪表的数据交互项目
6.4.3 主体程序设计	8.1 项目目的
6.4.4 关联程序设计	8.1.1 项目背景
6.4.5 项目程序调试	8.1.2 项目目的
6.4.6 项目总体运行	8.1.3 项目内容
6.5 项目验证	8.2 项目分析
6.5.1 效果验证	8.2.1 项目构架
6.5.2 数据验证	8.2.2 项目流程
6.6 项目总结	8.3 项目要点
6.6.1 项目评价	8.3.1 智能仪表
6.6.2 项目拓展	8.3.2 Modbus RTU 通信协议
第 7 章 基于 ENGATEWAY 与伺服系统的数据交互项目	8.3.3 Node-RED 中的 Modbus RTU 通信节点
7.1 项目目的	8.4 项目步骤
7.1.1 项目背景	8.4.1 应用系统连接
7.1.2 项目目的	8.4.2 应用系统配置
7.1.3 项目内容	8.4.3 主体程序设计
7.2 项目分析	8.4.4 关联程序设计
7.2.1 项目构架	8.4.5 项目程序调试
7.2.2 项目流程	8.4.6 项目总体运行
7.3 项目要点	8.5 项目验证
7.3.1 西门子伺服系统选择	8.5.1 效果验证
7.3.2 实时运动控制系统构建	8.5.2 数据验证

续表 4.7

8.6 项目总结	9.4 项目步骤
8.6.1 项目评价	9.4.1 应用系统连接
8.6.2 项目拓展	9.4.2 应用系统配置
第 9 章 基于 ENGATEWAY 与云平台的数据交互项目	9.4.3 主体程序设计
9.1 项目目的	9.4.4 关联程序设计
9.1.1 项目背景	9.4.5 项目程序调试
9.1.2 项目目的	9.4.6 项目总体运行
9.1.3 项目内容	9.5 项目验证
9.2 项目分析	9.5.1 效果验证
9.2.1 项目构架	9.5.2 数据验证
9.2.2 项目流程	9.6 项目总结
9.3 项目要点	9.6.1 项目评价
9.3.1 云平台技术基础	9.6.2 项目拓展
9.3.2 MQTT 通讯协议	参考文献

本课程相关配套设备如图 4.13 所示。

（a）EngAteWay 智能网关

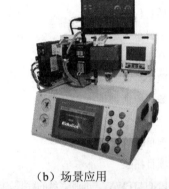
（b）场景应用

（c）工业互联网边缘控制实验台

（d）场景应用

图 4.13 "工业互联网智能网关技术应用"课程配套设备

7. "机电一体化技术应用"课程

"机电一体化技术应用"课程描述见表 4.8。

表 4.8 "机电一体化技术应用"课程描述

课程名称	机电一体化技术应用	课程模式	理实一体课
学期	第 5 学期	参考学时	72
推荐教材	《智能制造与机电一体化技术》,张明文,哈尔滨工业大学出版社		
其他参考教材	《智能制造与机器人应用技术》,张明文,哈尔滨工业大学出版社 《智能制造技术及应用教程》,张明文,哈尔滨工业大学出版社		
培训认证	"1+X"及其他证书:智能制造设备安装与调试		

职业能力要求:

 1. 了解 PLC 基础知识;

 2. 掌握智能制造相关理论知识;

 3. 掌握机械技术基础;

 4. 掌握气动技术基础;

 5. 掌握工业机器人的基本应用;

 6. 掌握工业数据通信知识;

 7. 掌握工业互联网的基本知识;

 8. 掌握机电一体化综合项目应用

学习目标:

 通过本课程的学习,使学生了解智能制造与机电一体化相关理论知识,学习电气、机械、气动相关内容,学习掌握 PLC 程序基本指令和基本数据通信,具备编写 PLC 程序的基本能力;掌握工业机器人的基本编程应用;具有分析项目、利用机电控制相关技术解决实际项目问题的能力,培养学生较强的工程意识及创新能力

第 1 章 智能制造概述	第 2 章 机械技术基础
1.1 智能制造发展背景	2.1 模块化生产系统
1.1.1 工业 4.0	2.2 供料工作站
1.1.2 中国制造 2025	2.2.1 料仓机构
1.1.3 智能制造的提出及建设意义	2.2.2 传送带机构
1.2 智能制造的概念	2.3 装配工作站
1.2.1 智能制造的定义和特点	2.3.1 传送带机构
1.2.2 智能制造技术体系	2.3.2 气动机械手机构
1.2.3 智能制造主题	2.4 分拣工作站
1.3 智能制造与机电一体化技术	2.4.1 传送带机构
1.3.1 机电一体化技术概述	2.4.2 滑槽机构
1.3.2 智能制造中的机电一体化	第 3 章 气动技术

续表 4.8

3.1 气动技术基础	5.2.4 ComTool 软件的使用
3.1.1 气源发生装置	5.2.5 MiniMES 软件的使用
3.1.2 方向控制元件	5.2.6 webService 软件的使用
3.1.3 流量控制元件	5.3 供料站在现场层的应用
3.1.4 压力控制元件	5.4 装配站在现场层的应用
3.1.5 气动执行元件	5.4.1 I/O 总线模块
3.1.6 辅助元件	5.4.2 RFID 通信模块
3.1.7 真空元件	5.5 分拣站在现场层的应用
3.2 供料工作站的气动技术	第 6 章 工业机器人技术
3.2.1 气动二联件	6.1 工业机器人概述
3.2.2 料仓模块气动技术应用	6.1.1 工业机器人定义和特点
3.3 装配工作站的气动技术	6.1.2 工业机器人主要技术参数
3.4 分拣工作站的气动技术	6.1.3 工业机器人应用
第 4 章 电气控制原理	6.2 工业机器人组成
4.1 电气控制基础	6.2.1 机器人本体
4.1.1 常用低压电器	6.2.2 控制器
4.1.2 电气原理图的基本知识	6.2.3 示教器
4.2 直流电机及其控制器	6.3 工业机器人基本操作
4.2.1 直流电机	6.3.1 动作类型
4.2.2 直流电机控制器	6.3.2 坐标系种类
4.3 传感器	6.3.3 负载设定
4.3.1 磁性接近开关	6.4 I/O 通信
4.3.2 电感式接近开关	6.4.1 I/O 种类
4.3.3 光电式传感器	6.4.2 I/O 硬件连接
4.3.4 压阻式传感器	6.5 基本指令
4.4 可编程逻辑控制器	6.5.1 寄存器指令
4.4.1 PLC 安装接线	6.5.2 I/O 指令
4.4.2 PLC 编程语言	6.5.3 坐标系指令
4.5 电气控制技术应用	6.6 编程基础
第 5 章 工业互联网技术	6.6.1 程序构成
5.1 MPS203 I4.0 系统网络设备组成	6.6.2 程序创建
5.2 MES 系统的应用	第 7 章 装配工作站
5.2.1 MES 系统的概述	7.1 项目目的
5.2.2 MES 系统的配置	7.1.1 项目背景
5.2.3 OPC 服务的配置	7.1.2 项目需求

续表 4.8

7.1.3 项目目的	8.6.2 项目拓展
7.2 项目分析	第 9 章 工业机器人 I/O 信号应用
7.2.1 项目构架	9.1 项目目的
7.2.2 项目流程	9.1.1 项目背景
7.3 项目要点	9.1.2 项目需求
7.4 项目步骤	9.1.3 项目目的
7.4.1 应用系统连接	9.2 项目分析
7.4.2 应用系统配置	9.2.1 项目构架
7.4.3 主体程序设计	9.2.2 工作流程
7.4.4 关联程序设计	9.3 项目要点
7.4.5 项目调试	9.4 项目步骤
7.4.6 项目总体运行	9.4.1 系统电缆连接
7.5 项目验证	9.4.2 系统硬件配置
7.6 项目总结	9.4.3 主体程序设计
7.6.1 项目评价	9.4.4 关联程序设计
7.6.2 项目拓展	9.4.5 项目调试
第 8 章 工业机器人基础应用	9.4.6 项目总体运行
8.1 项目目的	9.5 项目验证
8.1.1 项目背景	9.6 项目总结
8.1.2 项目需求	9.6.1 项目评价
8.1.3 项目目的	9.6.2 项目拓展
8.2 项目分析	第 10 章 供料搬运系统
8.2.1 项目构架	10.1 项目目的
8.2.2 工作流程	10.1.1 项目背景
8.3 项目要点	10.1.2 项目需求
8.4 项目步骤	10.1.3 项目目的
8.4.1 系统电缆连接	10.2 项目分析
8.4.2 系统硬件配置	10.2.1 项目构架
8.4.3 主体程序设计	10.2.2 项目流程
8.4.4 关联程序设计	10.3 项目要点
8.4.5 项目调试	10.4 项目步骤
8.4.6 项目总体运行	10.4.1 应用系统连接
8.5 项目验证	10.4.2 应用系统配置
8.6 项目总结	10.4.3 机器人程序设计
8.6.1 项目评价	10.4.4 PLC 程序设计

续表 4.8

10.4.5 项目调试
10.4.6 项目总体运行
10.5 项目验证
10.6 项目总结
  10.6.1 项目评价
  10.6.2 项目拓展
第 11 章 装配焊接系统
11.1 项目目的
  11.1.1 项目背景
  11.1.2 项目需求
  11.1.3 项目目的
11.2 项目分析
  11.2.1 项目构架
  11.2.2 项目流程
11.3 项目要点
11.4 项目步骤
  11.4.1 应用系统连接
  11.4.2 应用系统配置
  11.4.3 机器人程序设计
  11.4.4 PLC 程序设计
  11.4.5 项目调试
  11.4.6 项目总体运行
11.5 项目验证
11.6 项目总结
	11.6.1 项目评价
	11.6.2 项目拓展
	第 12 章 分拣仓储系统
	12.1 项目目的
	  12.1.1 项目背景
	  12.1.2 项目需求
	  12.1.3 项目目的
	12.2 项目分析
	  12.2.1 项目构架
	  12.2.2 项目流程
	12.3 项目要点
	12.4 项目步骤
	  12.4.1 应用系统连接
	  12.4.2 应用系统配置
	  12.4.3 机器人程序设计
	  12.4.4 PLC 程序设计
	  12.4.5 项目调试
	  12.4.6 项目总体运行
	12.5 项目验证
	12.6 项目总结
	  12.6.1 项目评价
	  12.6.2 项目拓展
	参考文献

本课程相关配套设备如图 4.14 所示。

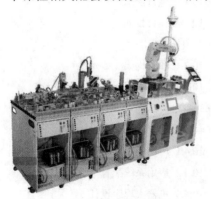 

（a）智能制造实训台　　　　　　　　（b）智能制造实训线

图 4.14　"机电一体化技术应用"课程配套设备

8. "人工智能技术应用"课程

"人工智能技术应用"课程描述见表 4.9。

表 4.9 "人工智能技术应用"课程描述

课程名称	人工智能技术应用	课程模式	理实一体课
学期	第 4 学期	参考学时	72
推荐教材	《人工智能技术应用初级教程》，张明文，哈尔滨工业大学出版社			
其他参考教材	《人工智能与机器人应用初级教程（e.DO 教育机器人）》，张明文，哈尔滨工业大学出版社			
培训认证	"1+X"及其他证书：Python 程序开发			

职业能力要求：
1. 了解人工智能技术的发展历程和趋势；
2. 掌握 Python 编程语言的基本使用；
3. 掌握基于语音识别的智能听写项目应用；
4. 掌握基于语音交互的同声传译项目应用；
5. 掌握基于语义理解的垃圾分类项目应用；
6. 掌握基于知识图谱的智能问答项目应用；
7. 掌握基于机器视觉的物体识别项目应用；
8. 掌握基于深度学习的人脸识别项目应用

学习目标：

通过本课程的学习，使学生认识、了解、掌握工业互联网中人工智能技术的基础理论；学习 Python 编程语言的基本应用；学习 Python 在人工智能技术中的应用场景，了解其应用原理和项目操作流程；基本掌握 Python 在工业互联网平台层人机交互场景中的数据采集、分析处理等应用开发实践能力；培养学生较强的工程意识及创新能力，为后续专业课的学习及学生以后的职业生涯奠定坚实的基础

第一部分　理论基础	1.3.3　主要技术方向
第 1 章　人工智能概况	1.4　人工智能行业应用
1.1　人工智能产业概况	1.4.1　智能制造
1.2　人工智能发展概况	1.4.2　智能家居
1.2.1　人工智能简史	1.4.3　智能交通
1.2.2　国外发展现状	1.4.4　智能医疗
1.2.3　国内发展现状	1.4.5　智能金融
1.2.4　产业发展趋势	1.5　人工智能技术人才培养
1.3　人工智能技术基础	1.5.1　人才分类
1.3.1　定义和特点	1.5.2　产业人才现状
1.3.2　体系架构	1.5.3　产业人才职业规

续表 4.9

1.5.4　产业教育学习方	4.1.3　项目目的
第 2 章　人工智能技术基础	4.2　项目分析
2.1　数据基础	4.2.1　项目构架
2.1.1　大数据的内涵和	4.2.2　项目流程
2.1.2　大数据与人工智	4.3　项目要点
2.2　算力基础	4.3.1　语音识别基础
2.2.1　人工智能芯片	4.3.2　websocket 接口
2.2.2　人工智能云服务	4.3.3　JSON 字符串基础
2.3　算法基础	4.3.4　语音识别服务接
2.3.1　机器学习	4.4　项目步骤
2.3.2　深度学习	4.4.1　应用平台配置
第 3 章　人工智能编程基础	4.4.2　系统环境配置
3.1　Python 简介及安装	4.4.3　关联模块设计
3.1.1　Python 介绍	4.4.4　主体程序设计
3.1.2　软件安装	4.4.5　模块程序调试
3.2　软件界面	4.4.6　项目总体运行
3.2.1　主界面	4.5　项目验证
3.2.2　菜单栏	4.6　项目总结
3.2.3　基本操作	4.6.1　项目评价
3.3　编程语言	4.6.2　项目拓展
3.3.1　基础语法	第 5 章　基于语音交互的同声传
3.3.2　数据类型	5.1　项目目的
3.3.3　流程控制	5.1.1　项目背景
3.3.4　函数基础	5.1.2　项目需求
3.3.5　异常处理	5.1.3　项目目的
3.3.6　面向对象	5.2　项目分析
3.4　编程调试	5.2.1　项目构架
3.4.1　项目创建	5.2.2　项目流程
3.4.2　程序编写	5.3　项目要点
3.4.3　项目调试	5.3.1　机器翻译基础
第二部分　项目应用	5.3.2　机器翻译服务接
第 4 章　基于语音识别的智能听	5.3.3　语音合成基础
4.1　项目目的	5.3.4　语音合成服务接
4.1.1　项目背景	5.4　项目步骤
4.1.2　项目需求	5.4.1　应用平台配置

续表 4.9

5.4.2 系统环境配置	7.1.2 项目需求
5.4.3 关联模块设计	7.1.3 项目目的
5.4.4 主体程序设计	7.2 项目分析
5.4.5 模块程序调试	7.2.1 项目构架
5.4.6 项目总体运行	7.2.2 项目流程
5.5 项目验证	7.3 项目要点
5.6 项目总结	7.3.1 知识图谱
5.6.1 项目评价	7.3.2 知识库技能
5.6.2 项目拓展	7.4 项目步骤
第6章 基于语义理解的垃圾分类项目	7.4.1 应用平台配置
6.1 项目目的	7.4.2 系统环境配置
6.1.1 项目背景	7.4.3 关联模块设计
6.1.2 项目需求	7.4.4 主体程序设计
6.1.3 项目目的	7.4.5 模块程序调试
6.2 项目分析	7.4.6 项目总体运行
6.2.1 项目构架	7.5 项目验证
6.2.2 项目流程	7.6 项目总结
6.3 项目要点	7.6.1 项目评价
6.3.1 语义理解基础	7.6.2 项目拓展
6.3.2 讯飞 AIUI 平台服务接口	第8章 基于机器视觉的物体识别项目
6.3.3 垃圾分类开放技能	8.1 项目目的
6.4 项目步骤	8.1.1 项目背景
6.4.1 应用平台配置	8.1.2 项目需求
6.4.2 系统环境配置	8.1.3 项目目的
6.4.3 关联模块设计	8.2 项目分析
6.4.4 主体程序设计	8.2.1 项目构架
6.4.5 模块程序调试	8.2.2 项目流程
6.4.6 项目总体运行	8.3 项目要点
6.5 项目验证	8.3.1 物体识别服务接口
6.6 项目总结	8.3.2 openpyxl 模块使用基础
6.6.1 项目评价	8.3.3 Pillow 模块使用基础
6.6.2 项目拓展	8.4 项目步骤
第7章 基于知识图谱的智能问答项目	8.4.1 应用平台配置
7.1 项目目的	8.4.2 系统环境配置
7.1.1 项目背景	8.4.3 关联模块设计

续表 4.9

8.4.4 主体程序设计	9.3.1 人脸识别基础
8.4.5 模块程序调试	9.3.2 OpenCV 人脸检测
8.4.6 项目总体运行	9.3.3 人脸特征识别
8.5 项目验证	9.4 项目步骤
8.6 项目总结	9.4.1 应用平台配置
8.6.1 项目评价	9.4.2 系统环境配置
8.6.2 项目拓展	9.4.3 关联模块设计
第9章 基于深度学习的人脸识别项目	9.4.4 主体程序设计
9.1 项目目的	9.4.5 模块程序调试
9.1.1 项目背景	9.4.6 项目总体运行
9.1.2 项目需求	9.5 项目验证
9.1.3 项目目的	9.6 项目总结
9.2 项目分析	9.6.1 项目评价
9.2.1 项目构架	9.6.2 项目拓展
9.2.2 项目流程	参考文献
9.3 项目要点	

本课程相关配套设备如图 4.15 所示。

(a) 智能机器人实验台

(b) 场景应用

图 4.15 "人工智能技术应用"课程配套设备

9. "智能控制技术专业英语"课程

"智能控制技术专业英语"课程描述见表 4.10。

表 4.10 "智能控制技术专业英语"课程描述

课程名称	智能控制技术专业英语	课程模式	理论课
学期	第 7 学期	参考学时	72
推荐教材	《智能控制技术专业英语》,张明文,哈尔滨工业大学出版社			
职业能力要求: 1. 了解工业互联网控制应用相关专业英语; 2. 掌握工业互联网行业相关的基础词汇; 3. 能够使用英语进行阅读、翻译			
学习目标: 　　通过本课程的学习,使学生认识、了解、掌握工业互联网行业中专业英语词汇;可以独立阅读专业英语文章,获得更新的专业知识;提高学生的专业英语文档阅读能力;为后续专业课的学习及学生广阔的职业生涯奠定坚实的基础			
Unit 1. National Strategy in the Background of Industrial Revolution 　Part 1. Industry 4.0 　Part 2. American National Strategy of Advanced Manufacturing Industry 　Part 3. Intelligent Manufacturing in China 　Part 4. Other National Strategies Unit 2. Theme of Intelligent Manufacturing 　Part 1. Intelligent Factory 　Part 2. Intelligent production 　Part 3. Intelligent Logistics Unit 3. Key Technology of Intelligent Manufacturing 　Part 1. Artificial Intelligence 　Part 2. Industrial Internet of Things 　Part 3. Internet of Things and Cyber-Physical System 　Part 4. Other technologies Unit 4. Mechanical Elements and Mechanisms 　Part 1. Kinematic sketch of mechanism 　Part 2. Mechanical transmission mechanism 　Part 3. Mechanical connection Components 　Part 4. Manufacturing Process Unit 5. Electrical and Electronic Technology 　Part 1. Electrical Foundation 　Part 2. Electronic Components		Part 3. Kirchhoff's Law 　Part 4. Integrated circuit Unit 6. Control Theory 　Part 1. Composition of the Control System 　Part 2. Open-loop and Closed-loop (feedback) Control 　Part 3. PID Control 　Part 4. Intelligent Control Unit 7. Measurements 　Part 1. Resistive Sensor and Capacitive Sensor 　Part 2. Inductive Sensor 　Part 3. Temperature Sensor 　Part 4. Photoelectric Sensor 　Part 5. Optical Grating Sensor 　Part 6. Radio-frequency identification Unit 8. Hydraulics and Pneumatics Transmission 　Part 1. Hydraulic Transmission System 　Part 2. Features and Application of Hydraulic System 　Part 3. Pneumatic Transmission System 　Part 4. Application and features of Pneumatic System Unit 9. Motor Drive 　Part 1. DC Motor 　Part 2. Induction Motor 　Part 3. Stepper Motor 　Part 4. Servo motor		

续表 4.10

Unit 10. Microcomputer and Microprocessor	Part 2. Welding robot
Part 1. Microprocessor Technology	Part 3. Painting robot
Part 2. Single Chip Microcontroller	Part 4. Polishing robot
Part 3. Programmable Logic Device	Unit 14. Machine Vision Technology
Part 4. Artificial intelligence (AI) Chip	Part 1. Introduction to Machine Vision
Unit 11. Industrial Control Core	Part 2. Technical basis of Machine Vision
Part 1. Programmable Logic Controller (PLC)	Part 3. Industrial robot vision system
Part 2. Motion Controller	Part 4. Industry application of Machine Vision
Part 3. Human-Machine Interface (HMI)	Unit 15. Intelligent Robot
Unit 12. Industrial Robot	Part 1. Definition and Classification of Intelligent Robot
Part 1. About Industrial Robot	Part 2. Basic Elements of Intelligent Robots
Part 2. Component and Types of Industrial Robot	Part 3. Application Analysis
Part 3. Technical parameters of Industrial Robot	Part 4. Development Trend
Unit 13. Industry application of robot	中文翻译
Part 1. Handing robot	

4.2.3 专业实践课程

工业互联网专业实践课程众多，每所学校专业侧重点不一，发展方向不同，可以依据本校的特色专业建设不同技术方向的实训室以完成相应的实践课程授课任务，也可以根据学校发展要求建立相应的各层实训室或综合实训室。充分利用现有实验和实训设备，逐步、逐年进行完善，建设的基本原则是"总体规划、分步实施"。

※ 专业实践课程简介

工业互联网实训室主要围绕"三体五层"架构进行建设。针对"三大体系"，依次建设工业互联网网络体系综合实训室、工业互联网平台体系综合实训室和工业互联网安全体系综合实训室；针对"五层功能"，可以选择建立细分功能的五级层实训室，分别是网络层实训室、边缘层实训室、平台层实训室、应用层实训室和安全层实训室。

五层功能衍生出不同技术方向，根据每层技术方向可以建立对应的细分方向实训室。

（1）网络层可建设的细分方向实训室有：标识解析实训室、网络通信实训室和网络运维实训室等。

（2）边缘层可建设的细分方向实训室有：机器人实训室、智能运动控制实训室、边缘控制实训室和智能网关实训室等。

（3）平台层可建设的细分方向实训室有：大数据实训室、数字孪生实训室和云计算实训室等。

（4）应用层可建设的细分方向实训室有：应用开发实训室、智能监控应用实训室等。

（5）安全层可建设的细分方向实训室有：安全监控实训室、安全维护实训室等。

工业互联网实训室构架如图 4.16 所示。

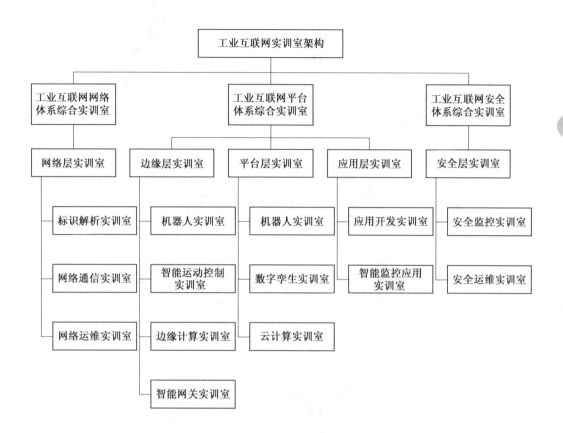

图 4.16　工业互联网实训室架构

工业互联网网络体系综合实训室的实验设备需包含工业互联网行业应用中常见的网络通信装置，应完整地体现工业互联网行业生产数据的传递过程，使学生清晰地了解数据转移过程。网络体系综合实训室设备连接拓扑图如图 4.17 所示。

平台体系包含边缘层、平台层和应用层。既可以建设工业互联网平台体系综合实训室，又可以根据实际教学需求建设不同的层实训室。工业互联网平台体系综合实训室涉及的工业互联网设备较多，学生可完整地学习了解工业生产中的机器设备应用，掌握工业互联网数据采集、边缘控制、数据处理和数据应用等过程。平台体系综合实训室设备连接拓扑图如图 4.18 所示。

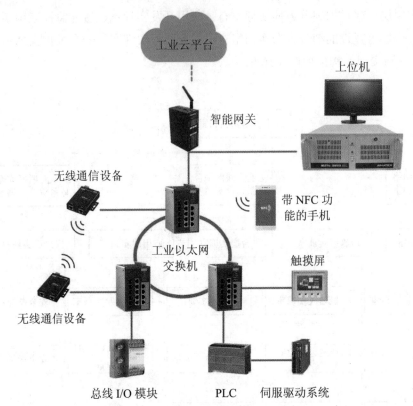

图 4.17 网络体系综合实训室设备连接拓扑图

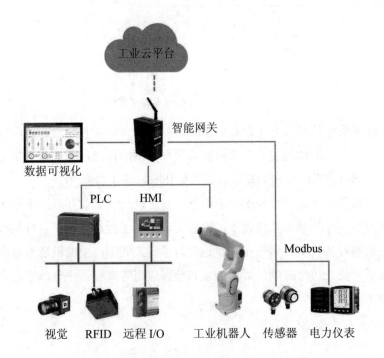

图 4.18 平台体系综合实训室设备连接拓扑图

工业互联网安全体系综合实训室通过构建基于工业互联网技术的安全技术应用系统，培养学生对安全系统的构建能力，掌握网络安全技术的应用，能够开发相关安全软件系统阻拦病毒，保证工业设备安全稳定运行。安全体系综合实训室设备连接拓扑图如图 4.19 所示。

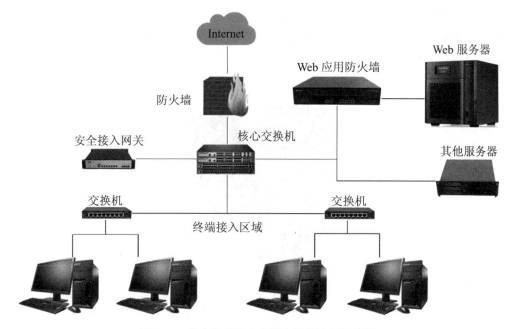

图 4.19　安全体系综合实训室设备连接拓扑图

根据"三体五层"架构，以工业互联网数据产生和传递过程为主线，依次介绍十个重点推荐的细分方向实训室。

1. 工业互联网网络通信实训室

（1）实训课程简介。

工业互联网网络通信实训室主要承担与工业互联网网络通信相关实的训课程。该实训室以工业网络通信系统设计为基础，通过构建多类型总线系统，使用关键网络组件和设备，将不同网络（现场总线、工业以太网）进行融合，实现工业级实时通信功能及本地数据采集和监控功能。该实训室主要培养学生熟悉工业中主流的现场总线和工业以太网通信方式，掌握网络系统的配置方法、异构网络通信应用、网络管理、网络故障诊断等方面的知识。

（2）实训设备清单。

工业互联网网络通信实训设备清单见表 4.11。

表 4.11　工业互联网网络通信实训设备清单

设备名称	数量/台
工业互联网网络通信实验台	32

(3)设备简介。

工业互联网网络通信实验台,如图4.20所示,采用工业级网络部件,即工业以太网交换机、工业无线通信设备、光纤模块、工控机,并通过PLC、触摸屏、近场通信设备及各种I/O设备,构成具有工业应用背景的各种复杂度的网络通信结构。工业网络通信实训系统支持从简单的工业以太网线的制作、网络部件安装,到网络配置、网络管理、故障诊断,再到网络可靠性、信息安全,最后到综合设计实践全面的实训内容,能够满足工业网络通信工程教育的需求。

图4.20 工业互联网网络通信实验台

(4)实训室效果图。

工业互联网网络通信实训室效果图如图4.21所示。

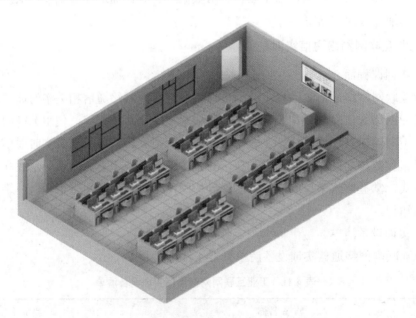

图4.21 工业互联网网络通信实训室效果图

2. 工业互联网机器人实训室

（1）实训课程简介。

工业互联网机器人实训室主要承担与工业机器人相关的实训课程。该实训室以工业机器人实训系统为核心，通过融入工业互联网的相关技术，实现工业机器人实训平台的设备接入、数据处理、数据可视化分析等相关应用教学功能。通过在该实训室的学习，学生将掌握工业互联网技术与工业机器人技术的融合技术，具备实现工业智能设备的数字化、信息化的能力。

（2）实训设备清单。

工业互联网机器人实训室设备清单见表4.12。

表4.12　工业互联网机器人实训室设备清单

序号	设备名称	数量/台
1	工业互联网机器人综合实训台	8
2	智能监考机器人	8

（3）设备简介。

工业互联网机器人综合实训台，如图4.22所示，针对智能制造领域多设备类型、多网络类型的特点，采用可组合式设计，实现工业生产系统的网络互连和数据接入功能。该实训平台搭载了主流品牌的工业机器人、PLC、网络通信等智能边缘设备，融合了工业网络、智能网关、工业云、数字孪生、物联网等关键工业互联网技术领域的知识。

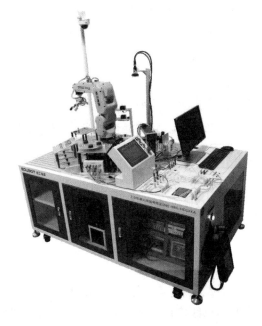

图4.22　工业互联网机器人综合实训台

（4）实训室效果图。

工业互联网机器人实训室效果图如图4.23所示。

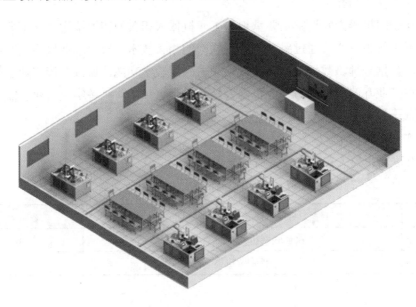

图4.23 工业互联网机器人实训室效果图

3. 工业互联网智能运动控制实训室

（1）实训课程简介。

工业互联网智能运动控制实训室主要承担与智能运动控制的相关实训课程。该实训室以智能运动控制系统为核心，通过对智能运动控制器系统的编程操作，实现逻辑控制、工业网络通信、单轴运动、双轴运动、多轴运动等实训项目。通过在该实训室的学习，学生将掌握智能运动控制器的典型应用。

（2）实训设备清单。

工业互联网智能运动控制实训室设备清单见表4.13。

表4.13 工业互联网智能运动控制实训室设备清单

序号	设备名称	数量/台
1	智能运动控制实训系统	16
2	智能运动控制实验台	4

（3）设备简介。

智能运动控制实训系统，如图4.24（a）所示，以工业主流的嵌入式运动控制器为核心，结合总线伺服系统、工业触摸屏、外部传感器等自动化设备，可实现基础运动控制、多轴系统运动控制、工业现场总线应用、工业机器人开发与虚拟仿真应用等多种类型的实验教学。通过该系统，学生可以掌握运动控制技术应用开发流程。本实训平台机构设计紧凑，系统开放，程序完全开源，使教学、实验过程更加容易。

智能运动控制实验台，如图 4.24（b）所示，采用模块化设计，能够同时兼容多种机器人控制器及伺服驱动系统，基于 TRIO 高性能运动控制器开发，采用伺服系统驱动电机轴，搭配西门子触摸屏、计算机及配套编程软件等，融合了工业中常用的运动器、伺服驱动系统、现场总线等相关知识。本实验台控制系统采用开放式设计，可满足基本逻辑编程、运动控制编程及工业机器人运动控制系统设计开发实践教学。通过该实验台的学习，学生可以掌握与运动控制相关的技术应用知识。

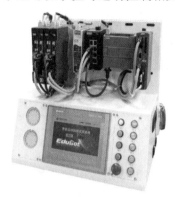 

（a）智能运动控制实训系统　　　　　　　（b）智能运动控制实验台

图 4.24　工业互联网智能运动控制实训室设备

（4）实训室效果图。

工业互联网智能运动控制实训室效果图如图 4.25 所示。

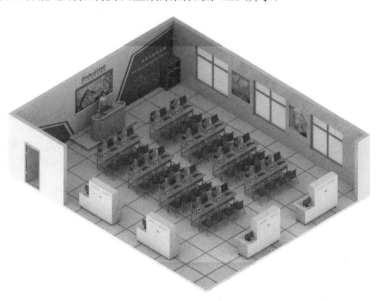

图 4.25　工业互联网智能运动控制实训室效果图

4. 工业互联网边缘控制实训室

（1）实训课程简介。

工业互联网边缘控制实训室主要承担与边缘控制相关的实训课程。该实训室构建了工业应用中典型的逻辑控制系统、运动控制系统，通过工业智能网关和网络通信模块，实现边缘数据采集、数据可视化和云端远程控制等功能，培养学生掌握边缘智能控制系统的设计、应用和组网能力，并能够使用工业互联网技术实现远程数据管理和控制。

（2）实训设备清单。

工业互联网边缘控制实训室设备清单见表4.14。

表4.14 工业互联网边缘控制实训室设备清单

设备名称	数量/台
工业互联网边缘控制实验台	8

（3）设备简介。

工业互联网边缘控制实验台，如图4.26所示，以离散智能制造应用为背景，将PLC、运动控制器、伺服驱动系统、RFID、传感检测装置、视频监控等自动化设备，融合工业以太网、现场总线、运动控制、云技术、远程访问、无线通信等技术，实现工业数据采集与分析、边缘计算与控制等领域的实验教学内容。本实验台以真实行业应用为背景，围绕边缘计算主流应用领域进行设计，提供开放的平台和多类型的配套教学资源，以培养学生的工业互联网边缘计算综合实践能力。

图4.26 工业互联网边缘控制实验台

（4）实训室效果图。

工业互联网边缘控制实训室效果图如图4.27所示。

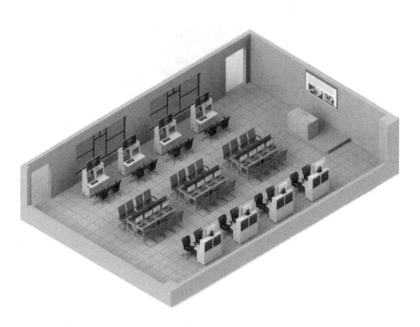

图 4.27　工业互联网边缘控制实训室效果图

5. 工业互联网智能网关实训室

（1）实训课程简介。

工业互联网智能网关实训室主要承担与智能网关相关的实训课程。该实训室基于工业网关和通信模块，对工业中典型的控制器、执行器、传感器进行组网通信，通过构建智能边缘和网络通信系统，实现设备接入、数据采集、数据可视化和数据上云的功能。该实训室用于培养学生对工业现场通信类型的认知和熟练运用。

（2）实训设备清单。

工业互联网智能网关实训室设备清单见表 4.15。

表 4.15　工业互联网智能网关实训室设备清单

设备名称	数量/台
智能网关桌面实训台	32

（3）设备简介。

智能网关是工业互联网系统构建的关键设备，不仅将现场层设备进行互联互通，而且也是 OT 层与 IT 层数据交互的核心组件。智能网关桌面实训台，如图 4.28 所示，以多类型工业智能网关为核心，将工业现场设备（如 PLC、伺服驱动系统、人机界面、传感器等）构建成为一个工业互联网系统，并通过有线或无线通信方式与云端进行远程通信，实现工业数据采集、边缘智能控制、云端应用开发、远程数据监控等功能。本实训平台机构设计紧凑，系统完全开放，程序完全开源，使教学、实验过程更加容易。学生可根据实训需要进行灵活组网配置，以提升工业互联网应用能力。

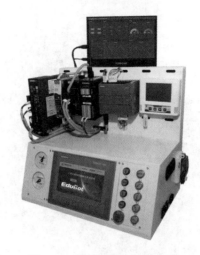

图 4.28　智能网关桌面实训台

（4）实训室效果图。

工业互联网智能网关实训室效果图如图 4.29 所示。

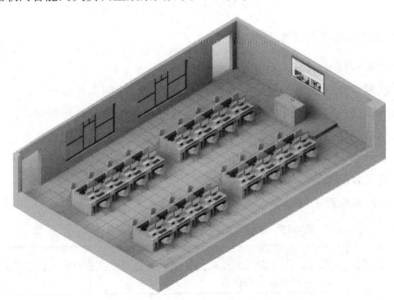

图 4.29　工业互联网智能网关实训室效果图

6. 工业互联网大数据实训室

（1）实训课程简介。

工业互联网大数据实训室主要承担与工业大数据相关的实训课程。该实训室通过边缘层实训设备获取工业现场相关实训数据，结合大数据平台进行工业数据清洗、管理、分析、可视化等相关实训教学。通过在该实训室的学习，学生将掌握大数据系统的相关典型应用。

(2)实训设备清单。

工业互联网大数据实训室设备清单见表4.16。

表4.16 工业互联网大数据实训室设备清单

序号	设备名称	数量/台
1	工业互联网机器人基础实训台	8
2	工业互联网移动机器人系统	1
3	工业互联网大数据平台	1

(3)设备简介。

工业互联网机器人基础实训台,如图4.30(a)所示,以工业机器人和智能网关构建工业互联网人才培养基础平台。该平台不仅可以完成工业机器人技术方向的编程调试实训,还能够通过工业以太网技术,将现场层设备互联互通,以工业网关为纽带,实现现场层数据采集、边缘计算处理、数据可视化和数据上云等教学功能,为培养工业互联网基础型应用人才提供最佳的实训教学条件。

工业互联网移动机器人系统,如图4.30(b)所示,由多台组网的移动机器人、中央调度系统构成,采用无线通信技术,实时将移动机器人的电量、位置、速度等信息与总控系统进行交互,根据边缘计算和调度程序,实现机器人灵活控制。该平台采用开源设计,使学生能够很好地掌握移动机器人运动、控制原理,实现多机器人网络互联、数据接入。

(a)工业互联网机器人基础实训台

(b)工业互联网移动机器人系统

图4.30 工业互联网大数据实训室设备

(4)实训室效果图。

工业互联网大数据实训室效果图如图4.31所示。

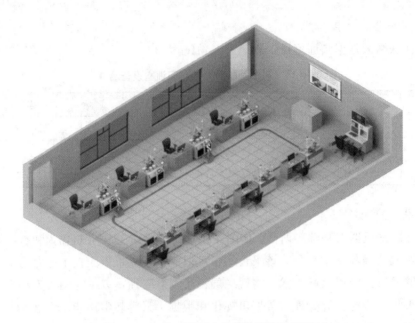

图 4.31 工业互联网大数据实训室效果图

7. 工业互联网数字孪生实训室

(1) 实训课程简介。

工业互联网数字孪生实训室以数字孪生系统和工业机器人离线编程软件为核心,通过将工艺仿真与智能制造环境相融合,实现三维动态装配仿真、制造工艺仿真、机器人操作仿真以及人机工程仿真等实训项目。通过在该实训室的学习,学生将掌握数字孪生和离线编程的典型应用。

(2) 实训设备清单。

工业互联网数字孪生实训室设备清单见表 4.17。

表 4.17 工业互联网数字孪生实训室设备清单

序号	设备名称	数量/台
1	工业互联网数字孪生系统	20
2	工业互联网机器人综合实训台	20

(3) 系统简介。

数字孪生是指充分利用物理模型、传感器更新、运行历史等数据,集成多学科、多物理量、多尺度、多概率的仿真过程,在虚拟空间中完成映射,从而反映相对应的实体装备的全生命周期过程。数字孪生是一种超越现实的概念,可以被视为一个或多个重要的、彼此依赖的装备系统的数字映射系统。数字孪生的核心是,在合适的时间、合适的场景,做基于数据的、实时正确的决定。学生应熟悉、掌握数字孪生的应用,使其更好地服务于工业互联网。数字孪生系统模型,如图 4.32 所示。

第 4 章 工业互联网人才培养方案

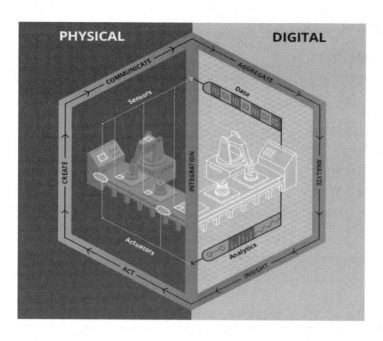

图 4.32 数字孪生系统模型

(4) 实训室效果图。

工业互联网数字孪生实训室效果图如图 4.33 所示。

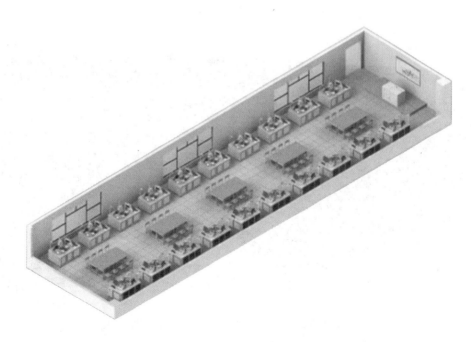

图 4.33 工业互联网数字孪生实训室效果图

8. 工业互联网应用开发实训室

（1）实训课程简介。

工业互联网应用开发实训室主要承担与工业互联网客户端、服务端应用软件开发相关的实训课程。该实训室通过获取工业现场边缘层实训设备的过程数据，进行工业数据清洗、管理、分析后，完成数据可视化、数字孪生等相关应用程序开发的教学。通过在该实训室的学习，学生将掌握平台层应用程序和工业APP的开发技能，能够基于实际项目需求开发典型应用软件。

（2）实训设备清单。

工业互联网应用开发实训室设备清单见表4.18。

表4.18 工业互联网应用开发实训室设备清单

序号	设备名称	数量/台
1	工业互联网多媒体教室	1
2	数据服务器及网络系统	1

（3）设备简介。

数据服务器及网络系统由运行在局域网中的一台/多台计算机和数据库管理系统软件共同构成，其中数据服务器可为学生开发应用程序提供数据服务，用以完成工业应用软件系统配置与管理、数据存取与更新管理、数据完整性管理和数据安全性管理。工业APP开发示例如图4.34所示。

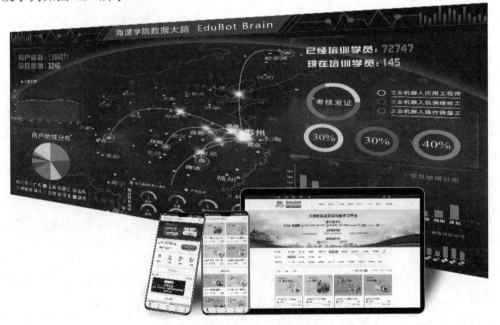

图4.34 工业APP开发示例

（4）实训室效果图。

工业互联网应用开发实训室效果图如图 4.35 所示。

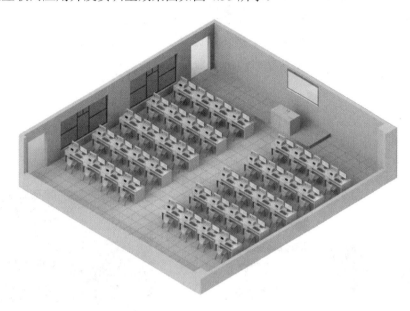

图 4.35　工业互联网应用开发实训室效果图

9. 工业互联网智能监控应用实训室

（1）实训课程简介。

工业互联网智能监控应用实训室主要承担与智能监控应用相关的开发、配置实训课程。该实训室以智能监考机器人为载体，通过两个高清数字网络摄像头同步记录完整的实训考核过程，配合 10 个自由度的调整能力，可以适应多种复杂的应用场景，实时将现场考评视频本地可视化或通过智能监考云平台终端进行显示。通过学习智能监考管理平台和智能监考云平台的搭建过程，学生将掌握工业互联网数据终端应用的方法。

（2）实训设备清单。

工业互联网智能监控实训设备清单见表 4.19。

表 4.19　工业互联网智能监控实训设备清单

序号	设备名称	数量/台
1	智能监考机器人	8
2	智能监考云平台	1

（3）设备简介。

智能监考机器人，如图 4.36（a）所示，具有信息查询及管理、实训过程记录等功能。机器人通过两个高清数字网络摄像头同步记录完整的实训考核过程，配合 10 个自由度的调整能力，可以适应多种复杂的应用场景。通过智能监考管理平台，管理员可以对用户、课程、实训、成绩等信息进行管理，并且可以协调智能监考机器人的运行，同时可以实时查看系统内所有机器人的实训过程。机器人具有多种工作模式，既能够独立运行，又能够多机协作运行，还可以接入智能监考云平台进行远程协作。

智能监考云平台，如图 4.36（b）所示，提供了网络化设备接入能力。通过该平台，可以实现监考数据上云，进一步融合教务管理系统与实训考核系统，进行实训设备的远程管理。

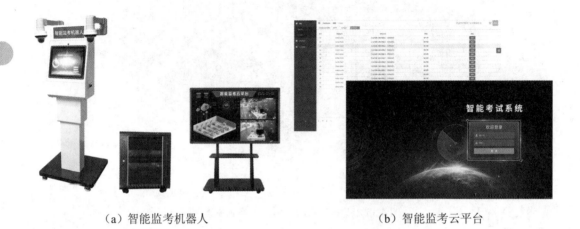

（a）智能监考机器人　　　　　　　　（b）智能监考云平台

图 4.36　工业互联网智能监控实训设备

（4）实训室效果图。

工业互联网智能监控应用实训室效果图如图 4.37 所示。

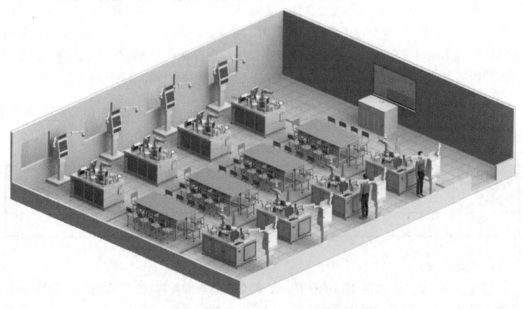

图 4.37　工业互联网智能监控应用实训室效果图

10. 工业互联网安全监控实训室

（1）实训课程简介。

工业互联网安全监控实训室主要承担与安全相关的实训课程。该实训室围绕工业互联网的安全业务方向进行人才培养，通过构建基于工业互联网技术的安全技术应用系统，培养学生对安全系统的构建能力，掌握视频监控、生物识别等安全技术的应用知识，使其能够开发相关的安全监控软件系统，进行数据管理。

（2）实训设备清单。

工业互联网安全监控实训室设备清单见表 4.20。

表 4.20　工业互联网安全监控实训室设备清单

序号	设备名称	数量/台
1	工业互联网智能监控安全系统	8
2	数据服务器及网络系统	1

（3）设备简介。

工业互联网智能监控安全系统，如图 4.38 所示，以工业生产中的流媒体视频监控、数据本地存储、远程网络互联为背景，具有多视频采集通道，可实时采集环境视频数据，并进行安全数据传输。实训教学过程中，通过构建本地数据处理和服务中心，实现数据分析与可视化，并基于智能网关将数据进行云端处理和存储，为远程多途径访问提供综合实训条件。

图 4.38　工业互联网智能监控安全系统

(4)实训室效果图。

工业互联网安全监控实训室效果图如图 4.39 所示。

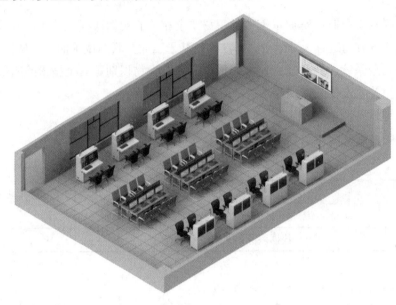

图 4.39　工业互联网安全监控实训室效果图

第 5 章　工业互联网人才评价

5.1　人才评价概述

5.1.1　评价概念

※　工业互联网人才评价概述

人才评价是指通过一系列科学的手段和方法对人的基本素质及其绩效进行测量和评定的活动。随着心理测量学的发展，人才测评的理论体系不断得到完善。目前，人才评价被广泛地用于教育、企业管理、人才招聘、绩效评定等众多领域中。

根据人才评价的标准和要求不同，人才评价通常有两种分类方法：素质性评价和功能性评价。素质性评价的分类是指根据素质评价的特点来进行的分类，包括知识评价、能力评价和心理评价等。功能性评价的分类是指根据素质评价的功能来进行的分类，大体而言，可以分为选拔性评价、配置性评价、开发性评价、诊断性评价和考核性评价几类。

人才评价的方法有定性和定量两种取向。定量主要用于对评价者可测量的特点进行评价，获得客观的信息，比较适用于评价人数较多的大规模情境。而定性的模式是指通过访谈等方式对评价者内隐的特征进行深入的考察，其适用于小规模深入的评价情境。当前人才评价系统中比较传统的方法有测验法和面试法，前者是定量模式，后者是定性模式，可以从主客观两方面比较便捷地获得被评价者的信息。

工业互联网行业边缘层人才评价可以采用定量的评价方法，以素质性评价为主。评测学员是否掌握相关安全操作规范；是否掌握边缘层相关设备的使用方法；是否能完成边缘层相关设备的基本应用；是否能完成边缘层相关设备的维护保养任务。并通过培训、考核，对被评价者的多种知识和能力进行全面的标准化评价。

5.1.2　评价原则

1. 公平公正

人才评价要遵循不同类型人才的成长发展规律，科学合理设置评价考核周期，探索不同时期的评价制度，以不同职业、不同岗位、不同层次人才的特点和职责，分类建立健全评价体系。要健全完善规章制度，严格规范评价程序，优化评价专家来源和结构，强化业内代表性，保证评价的公平公正。要突出强调品德、业绩和能力，把诚信放在人才评价中的首要位置。

人才评价必须坚持公平公正的原则。公平公正是人才评价质量的根本保证，要将相关政策、申报条件、考核标准、考评程序和考评结果等予以公开；要公平对待每一位申报者，严格执行考评标准、纪律和规范，杜绝不正之风；要科学、公正评判，保证评价过程和评价结果的公正。此外，还要对容易出现质量问题的环节加强工作督导和社会监督。

2. 社会化考评与企业评价相结合

人才评价既是为人才服务，也是为企业（用人单位）服务。因此，新形势下如何做好人才评价工作并服务于企业生产，就需要解放思想、实事求是、创新机制，建立一种社会化考评体系与企业考核有机结合的新模式。

社会化考评与企业评价相结合，既可以充分发挥社会化考评体系的强大功能，保证人才评价在执行标准、实施规范、人才规格方面的社会一致性，又可以充分调动企业积极性，促进企业建立技能人才培养、使用、评价、激励联动机制，提高人才评价结果的运用效果，更好地实现人才评价工作的价值。

3. 国家职业标准与企业生产实际相结合

国家职业标准在技能人才评价中具有权威性和不可替代性，企业人才评价也必须以执行国家职业标准为前提。所谓国家职业标准与企业生产实际相结合，是指在国家职业标准框架内，充分考虑企业生产实际和岗位特点，确定考评的内容、范围、项目和侧重点，以更加符合企业用人实际。评价操作中，企业可根据生产特点和岗位要求，对国家题库所调试题提出修改意见，也可自行命题，但都必须符合国家职业标准和考评规范的要求，不得降低标准。

4. 职业能力考核与工作业绩评价相结合

对人才的全面评价，必须坚持职业能力考核与工作业绩评价相结合的原则，在具体考评中，坚持以职业能力为导向，以工作业绩为重点，注重职业道德和职业知识、技能水平，强调解决实际问题的能力和工作业绩。在加强职业能力考核的同时，加大业绩评价分量和作用，更有利于引导企业建立人才激励机制，有利于引导人才注重工作实效和发挥骨干作用，有利于提高人才评价质量。对于业绩突出的人才，可以突破年龄、资历、身份和比例的限制，不拘一格予以认可。

5.2 人才评价方法

5.2.1 评价体系

2018年2月，中共中央办公厅、国务院办公厅印发了《关于分类推进人才评价机制改革的指导意见》，提出对于创新技术技能人才，要"健全以职业能力为导向、以工作业绩为重点、注重职业道德和知识水平的技能人才评价体系"。这一指导性意见，确定了创新技术技能人才评价的基本原则。

1. 以职业能力为导向

职业能力是指具备丰富的实践经验、较强的动手能力，能解决生产中的难题，这是创新技术技能人才内涵中最重要的素质。创新技术技能人才的评价重点在于评价其职业能力。构建创新技术技能人才评价体系要解决的核心问题是建立人才评价的标准与评价办法，科学、公正、准确地对人才的职业能力做出客观评价。现行的职业标准主要包括国家职业标准、行业企业工种岗位要求、专项职业能力考核规范等。应当结合多层次职业标准对创新技术技能人才进行职业能力评价。

2. 以工作业绩为重点

工作业绩是指工作人员在实际工作中所做出的成绩。例如，经营者的工作业绩，就是完成主管部门下达的各项经济效益指标和工作任务的情况。工作业绩是人才评价的重要方面，在创新技术技能人才评价体系中，要凸显以工作业绩为重点，应将工作业绩作为评审资格的重要条件。评价工作业绩的指标可从工作效率（包括组织效率、管理效率、机械效率）、工作任务（包括工作数量、工作质量）、工作效益（包括社会效益、经济效益、时间效益）等方面去衡量。

3. 注重职业道德

职业道德是指在一定职业活动中应遵循的、体现一定职业特征的、调整一定职业关系的职业行为准则和规范。良好的职业修养是每一个优秀员工必备的素质，良好的职业道德是每一个员工都必须具备的基本品质，这两点是企业对员工最基本的规范和要求，同时也是每个员工担负起自己的工作责任必备的素质。概括而言，职业道德主要应包括以下几方面的内容：忠于职守，乐于奉献；实事求是，不弄虚作假；依法行事，严守秘密；公正透明，服务社会。

4. 注重职业知识水平

高技能人才必须具备一定的职业理论知识，没有职业理论知识支撑，则无法达到举一反三、融会贯通的境界。因此，必须将职业知识水平作为评价创新技术技能人才的重要指标。不能将职业知识水平狭隘理解为学历层次，有些人学历高，但学非所用，或长期远离工作实际，职业知识水平却很低；有些人虽然学历低，但在长期的工作实践中，通过在岗提升，职业知识水平也能达到一定程度。为此，构建创新技术技能人才评价体系，还必须建立职业知识水平的评价标准与办法。

5.2.2 评价标准

评价标准包括两个方面，第一是资格标准，第二是考核标准。它属于动态标准，是必须经过考评才能确定应试者是否具备相应技能等级的鉴定标准，它包含技能考核与理论考核两个方面。

※ 工业互联网人才评价标准

工业互联网人才评价同样需要具备资格标准和考核标准。

1. 资格标准

资格标准需要具备工业互联网相关机构资格认证。

进行工业互联网人才评价，学校、企业、培训机构首先要获得相关机构资格认证。目前工业互联网行业相关机构资格认证有两种，一种是重点领域人才评价支撑机构资格认证，另一种是重点领域人才能力提升机构资格认证。

2020年2月，工业和信息化部人才交流中心发布《重点领域人才评价和能力提升任务揭榜工作方案》通知，江苏哈工海渡教育科技集团有限公司入选重点领域人才能力提升机构名单。人才能力提升机构按照岗位能力要求制定能力提升教学方案，招收学员进行培养。

2020年6月，第一届全国工业互联网联盟苏州高峰论坛在苏州举行。作为全国工业和信息化人才培养工程培训基地、工信部人才交流中心"重点领域人才能力提升任务承担机构（工业互联网领域）"、机械行业智能制造工业机器人实训基地，机械行业智能制造机器视觉系统实训基地、江苏省产业人才培训基地等多层次人才培养基地，哈工海渡教育集团积极响应制造业与工业互联网融合发展指导意见，深化工业互联网领域人才培养，并荣获"苏州市工业互联网实训基地""苏州市工业互联网产业联盟优秀工业互联网服务商"两大奖项，图5.1所示为苏州市颁发的工业互联网实训基地牌照。

图 5.1　苏州市工业互联网实训基地

2. 考核标准

工业互联网工程技术人员涉及多种不同的岗位或职业方向，以"工业互联网边缘计算实施工程师"岗位为例，围绕工业互联网边缘计算实施，根据不同的职业技能等级需要开展培训考核，需要完善以下培训考核标准。

（1）考核流程。

考核评价流程主要包含：考前培训→考前指导→理论考试→实操考试→批阅试卷→颁发证书，考核流程如图5.2所示。

图 5.2　考核流程

(2)考核大纲。

工业互联网边缘计算实施工程师初级能力评价与考核要点见表 5.1。

表 5.1　工业互联网边缘计算实施工程师初级能力评价与考核要点

能力维度	二级评价要点	掌握程度描述
综合能力	边缘计算基础知识	1. 熟悉工业互联网的提出背景和发展概况； 2. 熟悉工业互联网体系架构，即网络体系、平台体系和安全体系； 3. 熟悉工业互联网平台体系三层模型，即边缘层、平台层和应用层； 4. 熟悉边缘计算的发展背景； 5. 熟悉边缘计算技术发展概况； 6. 熟悉边缘计算应用架构及其发展趋势
	团队合作能力	1. 具备良好的沟通表达能力，能够就现场施工中遇到的问题及时进行沟通反馈； 2. 具备良好的团队合作能力，能够与团队其他成员协调合作
专业知识	电气基础知识	1. 了解数字电路、模拟电路、逻辑电路等知识； 2. 熟悉电气原理图、电气装配图、电气接线图等知识； 3. 了解常用电器元件的组成及工作原理； 4. 熟悉电气控制系统的组成及工作原理
	边缘计算产品安装知识	1. 熟悉边缘计算产品的组成和工作原理，如边缘控制器、边缘网关以及边缘服务器等； 2. 熟悉边缘计算产品的面板操作知识； 3. 熟悉边缘计算产品的电气接线图识图知识； 4. 了解常用电器元件、导线、电缆线的规格
	工业设备安装知识	1. 熟悉工业传感器、工业机床、工业机器人、PLC 等工业设备的基础知识； 2. 熟悉机械零部件装配图的识图知识； 3. 熟悉工业设备装配工艺文件的识读知识； 4. 熟悉安装工具、工装的使用方法
	工业网络通信知识	1. 熟悉工业通信网络的概念和分类； 2. 熟悉工业有线网络技术，如现场总线、工业以太网、时间敏感网络等； 3. 熟悉工业无线网络技术，如 5G、窄带物联网、无线传感网等； 4. 熟悉常用的工业网络通信协议

续表 5.1

能力维度	一级评价要点	掌握程度描述
技术技能	边缘计算产品现场安装调试	1. 能够识读机械装配图、电气原理图、电气装配图，以及电气接线图； 2. 能够按照装配图纸，对边缘计算产品，如边缘网关、边缘控制器、边缘服务器等，进行装配； 3. 能够按照电气接线图，对边缘计算产品进行电气接线； 4. 能根据操作手册，对边缘计算产品进行运行状态检查及调试
	工业设备现场安装调试	1. 能够完成工业设备，如工业传感器、工业机床、工业机器人、PLC 的安装； 2. 能够按照图纸完成工业设备的电气接线； 3. 能够完成工业设备的综合布线等弱电的部署与实施； 4. 能进行工业设备的面板操作； 5. 能根据操作手册，对工业设备进行基础调试
	边缘计算系统网络连接	1. 能够通过以太网接口、串口、I/O 口等接口将工业设备与边缘计算产品相连接； 2. 能够按照图纸，完成工业通信网络的安装； 3. 能够按照配置说明手册，完成工业通信网络的配置； 4. 能够在工业设备与边缘网关之间建立通信连接

工业互联网边缘计算实施工程师中级能力评价与考核要点见表 5.2。

表 5.2 工业互联网边缘计算实施工程师中级能力评价与考核要点

能力维度	二级能力要素	掌握程度描述
综合能力	边缘计算基础知识	1. 掌握工业互联网体系架构及各体系的功能，即网络体系、平台体系和安全体系； 2. 掌握工业互联网平台体系三层模型，即边缘层、平台层和应用层； 3. 掌握工业互联网边缘计算应用架构； 4. 熟悉 1~2 个边缘计算典型业务场景和业务流程； 5. 掌握边缘计算产品的应用场景和应用方法； 6. 熟悉边缘计算开源技术项目及相关进展； 7. 掌握边缘计算实施相关法律法规及现行相关标准内容
	技术文档编制能力	1. 掌握技术文档编制方法； 2. 熟悉边缘计算产品技术文档编制规范； 3. 熟悉边缘计算产品安装、调试、维护文档编制流程

续表 5.2

能力维度	二级评价要点	掌握程度描述
专业知识	边缘计算系统网络通信知识	1. 熟悉常用工业网络通信接口，如以太网接口、串口、I/O 口等； 2. 熟悉常用工业网络通信协议，如 TSN、5G、PROFINET、Modbus、S7、OPC UA 等； 3. 熟悉边缘计算系统网络配置方法； 4. 熟悉边缘计算系统协议转换的知识
	边缘计算软件系统知识	1. 熟悉计算机的基本组成及工作原理； 2. 掌握计算机操作系统的基础知识； 3. 掌握计算机编译原理的基础知识； 4. 熟悉计算机编程基础知识； 5. 熟悉边缘计算软件的功能和架构； 6. 熟悉边缘计算软件的安装配置方法； 7. 掌握主要的边缘计算软件应用知识，如数据清洗、边缘缓存、数据分析及可视化
	工业设备数据上云知识	1. 了解工业互联网平台的基础知识； 2. 了解工业设备数据上云的操作流程； 3. 熟悉边缘计算硬件与工业互联网平台的常用通信协议，如 HTTP、MQTT 等； 4. 了解工业互联网平台的基本配置流程； 5. 了解工业互联网平台提供的边缘应用
技术技能	边缘计算软件系统调试	1. 掌握一种常用的边缘计算编程语言，如 JavaScript； 2. 熟练使用 Linux 操作系统，以及相关调试工具； 3. 能够根据边缘计算软件系统调试操作说明书，对边缘计算产品进行运行状态检查及调试； 4. 能够对边缘计算产品进行基础编程调试； 5. 能够通过对边缘计算产品的编程调试，实现对工业设备的数据采集； 6. 能够通过对边缘计算产品的编程调试，实现工业数据的清洗、缓存、分析及可视化显示
	工业设备数据上云	1. 能够在工业互联网平台添加边缘计算产品映射，并对设备映射进行参数配置； 2. 能够对边缘计算产品实物进行通信参数配置； 3. 能够通过边缘计算产品读取工业数据，并将数据通过 HTTP、MQTT 等协议上传到工业互联网平台； 4. 能够在工业互联网平台对上传的工业设备数据进行更新显示； 5. 能够使用工业互联网平台提供的边缘应用进行边缘数据分析处理

工业互联网边缘计算实施工程师高级能力评价与考核要点见表 5.3。

表 5.3　工业互联网边缘计算实施工程师高级能力评价与考核要点

能力维度	二级能力要素	掌握程度描述
综合能力	边缘计算知识	1. 精通工业互联网平台体系三层模型及各层的功能； 2. 精通工业互联网平台体系边缘层的主要技术； 3. 掌握典型工业互联网平台体系边缘层的接口知识； 4. 精通边缘计算体系架构； 5. 精通边缘计算产品的体系架构，如边缘控制器、边缘网关以及边缘服务器等； 6. 熟悉边缘计算产业发展趋势及政策方向； 7. 精通边缘计算实施相关法律法规及现行相关标准内容
	解决方案制定能力	1. 掌握边缘计算产品安装、调试、维护流程知识； 2. 精通边缘计算产品软硬件选型知识； 3. 掌握解决方案制定流程及规范； 4. 掌握解决方案评估和论证方法； 5. 掌握解决方案文档编制方法
专业知识	边缘计算系统运维知识	1. 熟悉边缘计算产品的维护需求； 2. 了解边缘计算产品常见故障类型，如硬件类故障、软件配置类故障等； 3. 了解工业数据边缘通信与数据采集的故障现象； 4. 掌握常见故障类型的诊断和处理知识； 5. 了解常用的运维工具、自动化运维脚本知识
	培训与管理知识	1. 熟悉培训方案编写要求； 2. 熟悉培训讲义编写方法； 3. 熟悉 ISO 9000 质量管理知识； 4. 熟悉技术项目管理知识； 5. 熟悉生产管理基本知识

续表 5.3

能力维度	二级能力要素	掌握程度描述
技术技能	边缘计算系统运维	1. 能够根据项目要求，管理工业设备配置信息； 2. 能够识别边缘计算产品的故障类型，并能对常见故障类型进行诊断处理； 3. 能够分析和处理工业数据边缘通信与数据采集的故障现象； 4. 能够分析边缘服务器操作系统的运行状态； 5. 能够使用运维工具，检查边缘计算系统中各个组件的健康状态； 6. 掌握边缘计算常用安全技术，能够进行边缘计算系统的安全部署； 7. 了解边缘计算面临的安全风险，能够及时发现边缘计算系统的安全漏洞
	边缘计算软件系统调试	1. 掌握主流数据存储、虚拟化技术，如 Redis、Docker 等软件的使用方法； 2. 掌握分布式存储应用，如 Kubernetes 软件的使用方法，能够实现工业数据边缘分布式存储； 3. 掌握人工智能框架，如 PyTorch、TensorFlow 等软件的使用方法，能够对工业数据进行边缘智能处理
	边缘计算产品应用解决方案制定	1. 能根据业务需求，制定边缘计算产品应用解决方案，包括边缘计算产品安装、调试、维护等流程； 2. 能够结合现场实际情况和工艺需求，对边缘计算产品应用解决方案进行评估和论证； 3. 能够优化边缘计算工程应用方案； 4. 能够编制边缘计算产品应用解决方案文档
	边缘计算实施技术培训及咨询	1. 能够指导中级工程师及以下人员的实际操作； 2. 能够对本岗位中级工程师及以下人员进行技术理论培训； 3. 能够撰写边缘计算实施技术培训文档； 4. 能够对边缘计算项目实施提供技术咨询

（3）考核场地。

①学员与师资。

学员与师资按照 10∶1 的配比进行搭配。例如：每组 4 人/组×8 组=32 人，教师 1 名，助教 2 名。

②实训场地规划。

整体理实一体化培训教学区面积应为 200 m² 以上。

③教具设备规划。

➢ 配备有教学投影仪、计算机等多媒体教学设备。

➢ 实训设备与学员按照 1∶4 配比进行搭配，具有教学实训所需的工具、工装、物料耗材。

➢ 培训教学场所通风良好，安全措施完善。

5.2.3 评价机制

应用研究和技术开发人才突出市场评价，由用户、市场和专家等相关第三方评价。常用的评价方式包括考试、评审、考评结合、个人述职、面试答辩、实践操作等不同方式，应灵活使用评价方式，提高评价的针对性和精准性。

1. 考试

考试主要是评价人才的学识水平、业务能力，检测他们对理论理解的深度、了解的广度，以及他们在工作中应用这些理论的能力，处理和解决实际问题的能力。

2. 评审

评审主要是评价人才的业绩、成果和贡献。也就是说，考试解决"是否会运用理论解决问题"问题，评审解决"干出了多少成绩"问题。工作流程中，资格审查在前，其次是考试，最后是评审。

3. 考评结合

考评结合的方法是对过去单纯评审的改进，是在评审之前加入一个考试环节。专业技术人员要想取得相应的职称，除具备学历、专业工作年限等硬件条件外，首先要经过考试，再由当地的评审委员会进行评审。

4. 个人述职

个人述职法是最近几年在人才评价领域应用比较多的一种方法。主要是请被评价人陈述既往一段时间的工作成果，对目标岗位未来工作的设想等，由评价委员会提出问题，并做出评价。当然述职的内容可以事先设计完成，提前交给被评价人，并给被评价人一定准备时间，然后进行现场陈述。

5. 面试答辩

面试答辩是非常传统的评价人才手段，至今仍然是企业主要采用的人才评价方法之一。依据不同的目的和目标，设计不同的面试提纲和面试内容，可以得到丰富多样的人才评价信息。

6. 实践操作

对于技能型人才的评价，要创新评价机制，着眼于考察技能人才的工匠精神、职业道德及职业操守。在考评方式上，可采取多种方式，如实操技能竞赛、行业技能大比拼等，从而对技能型人才做出恰当的评价。

在严谨、科学、规范的程序制度之外，依然需要人才评价各个环节的参与人员树立程序理念、强化程序意识、坚持程序原则，严格遵守人才评价的方式、步骤、顺序和时限等要求。

仅靠考核制度和严管评判人员尚不能保证公平公正地进行人才评价，人是情感动物，不能长久保证公平公正地进行人才评价。还需要将考核过程公开化、透明化，接受社会监督，凸显人才评价相对方的程序权利，使整个评价过程中都能够有"看得见的公平正义"。

只有制度、人员、机器三方面协同作业，才能保证工业互联网行业人才评价的公平公正。

5.2.4 评价工具

科学公正的人才评价制度，既是对人才的充分尊重，又能最大限度地激发人才的潜在能力，使人才在公平正向激励的发展环境中展翅高飞，尽情施展才智，既彰显个人价值，又推动社会发展。

※ 工业互联网人才评价工具

工业互联网行业相关文件一经推出，哈工海渡就积极响应政府的号召，经过多年的探索，已自主研发了多款针对工业互联网行业的考核评价实训平台。这些设备可以完成工业互联网体系"三体五层"构架相关职位的考核评价，帮助政府、学校、培训机构、企业快速准确地实现人才能力的认定，对于工业互联网行业的人才体系建设具有积极的作用。

1. 工业互联网智能边缘桌面实训系统

（1）产品名称。

产品名称为工业互联网智能边缘桌面实训系统。

（2）产品简介。

工业互联网智能边缘桌面实训系统，以物联网技术为核心，集成多种常见类型的检测传感器和执行器，采用通信模组、MCU+通信模组、计算机等常见的物联网架构形式，通过 WIFI、4G、NB-IOT、Zigbee 等方式实现系统组网或数据传输，实现对阿里云、机智云等主流云平台的数据订阅和发布。

本系统内的实验台机构设计紧凑，采用一体化设计，方便调试和实训。系统完全开放，程序完全开源，使教学、实验过程更加容易。

（3）产品特点。

①多种主流的物联网接入方式：可通过以太网（工业计算机）、通信模组（WIFI/NB-Iot）、MCU+通信模组（WIFI）、DTU设备（工业计算机）方式接入。

②主流的物联网通信方式：WIFI、4G、NB-IOT、Zigbee以及有线通信方式（RS485/CAN）。

③基于STM32高性能ARM处理器，采用常见的嵌入式通信协议（I2C/UART）实现对温湿度、光照、空气质量等环境信息进行检测。

④支持本地边缘处理、本地数据可视化、远程可视化。

⑤应用方式灵活：每个模块都支持有线和无线接口，可模拟多种工业应用场合，以灵活选择上云接入类型。

⑥携带方便：内置工业计算机，无须额外计算机，就能够对每个模块进行编程和调试。

（4）适用范围。

适用于工业互联网行业的应用型及学术型人才培养。

（5）产品图片。

工业互联网智能边缘桌面实训系统如图5.3所示。

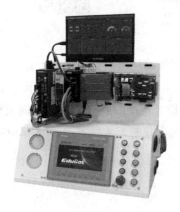

（a）产品实物　　　　　　　　　　（b）应用效果

图5.3　工业互联网智能边缘桌面实训系统

2. 工业互联网智能网关桌面实训台

（1）产品名称。

产品名称为工业互联网智能网关桌面实训台。

（2）产品简介。

工业互联网智能网关桌面实训台以工业智能网关为核心，结合PLC、伺服系统、智能仪表、工控显示器等自动化设备，实现工业数据采集、边缘计算、云服务开发、远程访问等实验教学。通过该系统，学生可以掌握工业互联网应用开发流程。本实训台机构设计紧凑，系统完全开放，程序完全开源，使教学、实验过程更加容易。实训台分为可视化面板展示区、功能应用区和电气控制区，学生能够根据需要进行配置，用以提升工业互联网应用能力。

（3）产品特点。

①便携性：体积小，重量轻，便于携带。

②通用性：适配主流品牌智能工业网关。

③实用性：教学模块来源于工业行业实际应用。

④教学资源：配套丰富的教学资源（包含教材、课件、教学视频等）。

（4）适用范围。

适用于工业互联网行业的应用型及学术型人才培养。

（5）产品图片。

工业互联网智能网关桌面实训台如图 5.4 所示。

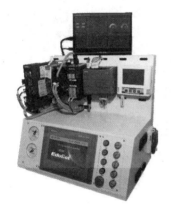 

（a）产品实物　　　　　　　　　　　（b）应用效果

图 5.4　工业互联网智能网关桌面实训台

3. 工业互联网机器人综合实训台

（1）产品名称。

产品名称为工业互联网机器人综合实训台。

（2）产品简介。

工业互联网机器人综合实训台以工业互联网在智能制造领域的典型应用为核心，结合工业机器人、智能网关、工业互联网云平台等技术体系，形成完整的教学、培训体系，包括自动化应用、工业机器人应用、边缘数据采集、边缘数据处理、云平台大数据分析、远程可视化展示等体系化课程与内容，可满足工业互联网应用过程中从入门到深入的阶梯式教学。本实训台机构设计紧凑，系统完全开放化，采用透明封装设计，程序开源，使教学、实训更加容易上手。实训台分为工业互联网数据采集区、机器人教学应用区、电气控制器接线区和电脑编程区，学生能够根据实训手册进行相关系统集成技术的典型应用，以提升综合应用能力。

（3）产品特点。

①通用性：可适配国内外主流云平台。

②实用性：可实施与工业机器人及工业互联网相关的实训项目。

③开放性：电气控制、机械结构采用透明结构封装，可展现内部设计。

④教学资源：配套丰富的教学资源（如教材、课件、教学视频等）。

（4）适用范围。

适用于工业互联网行业的应用型及学术型人才培养。

（5）产品图片。

工业互联网机器人综合实训台如图5.5所示。

（a）产品实物图　　　　　　　　　　（b）应用效果

图 5.5　工业互联网机器人综合实训台

4. 工业互联网平台层综合实训系统

（1）产品名称。

产品名称为工业互联网平台层综合实训系统。

（2）产品简介。

工业互联网平台层实训系统以公有云平台为基础，结合边缘设备接入、边缘数据处理、平台工业大数据系统、平台工业数据建模分析以及应用服务开发等技术体系，形成完整的教学、培训体系，可满足工业互联网应用过程中从入门到深入的阶梯式教学。

（3）产品特点。

①通用性：可适配国内外主流云平台。

②实用性：可实施与工业机器人及工业互联网相关的实训项目。

③教学资源：配套丰富的教学资源（如教材、课件、教学视频等）。

（4）适用范围。

适用于工业互联网行业的应用型及学术型人才培养。

（5）产品图片。

工业互联网平台层综合实训系统如图 5.6 所示。

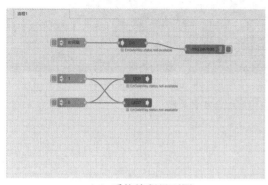
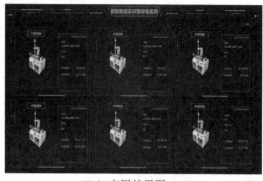

（a）系统编程界面图　　　　　　　　（b）应用效果图

图 5.6　工业互联网平台层综合实训系统

5. 工业互联网应用层综合实训系统

（1）产品名称。

产品名称为工业互联网应用层综合实训系统。

（2）产品简介。

工业互联网应用层综合实训系统以工业应用开发为核心，基于平台层应用开发框架及工业微服务组件库，可以快速地完成产品原型设计，促进应用创新，形成系统化的教学、培训体系，可满足工业互联网各个细分方向典型应用的实训教学。

（3）产品特点。

①通用性：可适配国内外主流云平台。

②实用性：可进行工业互联网细分方向的典型实训项目教学。

③教学资源：配套丰富的教学资源（如教材、课件、教学视频等）。

（4）适用范围。

适用于工业互联网行业的应用型及学术型人才培养。

（5）产品图片。

工业互联网应用层综合实训系统如图 5.7 所示。

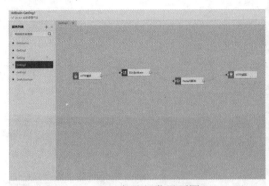
（a）产品开发界面图

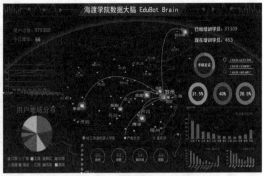
（b）应用效果图

图 5.7　工业互联网应用层综合实训系统

6. 智能监考系统

（1）产品名称。

产品名称为智能监考系统。

（2）产品简介。

智能监考系统由智能监考平台、智能监考管理平台、便携式智能监考平台、智能监考云平台四部分组成，可以根据需要进行组合使用，实现监考系统私有化部署或者云端部署，以满足工业互联网平台体系典型应用的实训教学任务。

（3）产品特点。

①学员管理：信息化学员管理，提高管理效率。

②实训管理：智能化实训分析，提升教学质量。

③课程管理：标准化课程归档，规范教学流程。

④考核管理：数字化考核记录，落实考评规范。

（4）适用范围。

适用于中高等院校、企业、培训机构的应用型及学术型人才培养教学任务。

（5）产品图片。

智能监考管理平台如图 5.8 所示。

（a）智能监考机器人　　　　　　　　　　（b）智能监考云平台

图 5.8　智能监考管理平台

7. 智能运动控制实训系统

（1）产品名称。

产品名称为智能运动控制实训系统。

（2）产品简介。

智能运动控制实训系统以工业主流的嵌入式运动控制器为核心，结合总线伺服系统、工业触摸屏、外部传感器等自动化设备，可实现基础运动控制、多轴系统运动控制、工业现场总线应用、工业机器人开发与虚拟仿真应用等多种类型的实验教学。通过该系统，学生可以掌握运动控制技术应用开发流程。本实训系统内的平台机构设计紧凑，系统开放，程序完全开源，使教学、实验过程更加容易。

（3）产品特点。

①便携性：结构紧凑，便于学习。

②通用性：适配主流品牌运动控制器。

③实用性：涵盖丰富的运动控制核心部件，实训内容丰富。

④教学资源：配套丰富的教学资源（包含教材、课件、教学视频等）。

（4）适用范围。

适用于智能制造领域运动控制技术方向的应用型及学术型人才培养。

（5）产品图片。

智能运动控制实训系统如图 5.9 所示。

（a）产品实物图　　　　　　　　　　（b）应用效果

图 5.9　智能运动控制实训系统

在进行人才评价考核测试中，可采用智能监考系统作为监考工具。智能监考系统依托职业技能教育生态布局实践，针对各类技能实训、考核、管理过程，旨在通过智能监考机器人及智能监考云平台，推动实训考核信息化、规范化。

智能监考系统的引入，一方面，能极大地减轻监考老师的工作量，并尽可能消除考试作弊的可能性与人为操作的随意性，保证人才评价的公正性；另一方面，智能监考机器人采用了灵活的移动方式，可以适应多种考核评价场景，使其得到最有效的利用。

第 6 章 工业互联网人才与未来

6.1 工业互联网相关岗位

工业互联网的发展需要复合型、多维度、多层次的人才，涉及的技术方向众多，相应的工作岗位也繁多。本书重点介绍 6 个工业互联网相关工作岗位，如图 6.1 所示。

※ 工业互联网相关岗位介绍

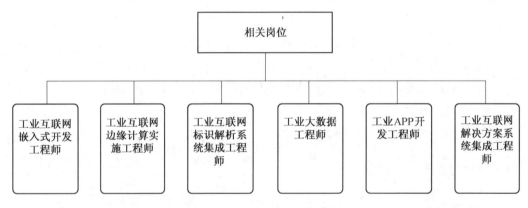

图 6.1 工业互联网相关岗位

6.1.1 工业互联网嵌入式开发工程师

1. 岗位职责

工业互联网嵌入式开发工程师主要负责边缘控制器选型设计及实现，独立承担边缘控制器系统移植与调试工作。

2. 综合能力

（1）熟悉工业互联网体系架构。

（2）熟悉工业互联网嵌入式设备架构及其发展趋势。

（3）具有良好的技术文档编制能力和沟通表达能力。

3. 专业知识

（1）了解工业互联网相关法律法规及现行工业互联网嵌入式设备相关标准内容。

（2）了解计算机系统的工作原理及嵌入式软硬件开发流程。

（3）了解常见无线通信方式的工作原理及应用场景。

（4）了解常见的工业控制单元、驱动单元和传感检测单元的工作原理。

（5）熟悉嵌入式系统的基本操作和应用程序的使用。

4. 技术技能

（1）掌握主流工业控制系统相关软件的使用。

（2）具备电工电子技术硬件基础，能识读硬件电路原理图。

（3）熟悉常见的计算机操作系统的软件安装、系统配置和驱动加载等方法。

（4）掌握常见的计算机编程方法，具备嵌入式组态编程技能。

（5）熟悉一种或多种常用编程语言，具备编程基本技能及良好的编程习惯。

6.1.2　工业互联网边缘计算实施工程师

1. 岗位职责

工业互联网边缘计算实施工程师应熟悉边缘计算系统硬件，主要负责边缘计算产品的现场安装及初步调试工作。

2. 综合能力

（1）了解工业互联网边缘计算产业发展趋势。

（2）了解工业互联网边缘计算的概念、特征及核心技术。

（3）了解工业互联网边缘计算与5G、物联网、大数据、云计算、雾计算等技术的关系。

3. 专业知识

（1）掌握工业传感器、PLC、工业机器人、工业机床等工业设备的基础知识。

（2）掌握工业现场总线协议、网络通信协议等知识。

（3）掌握工业设备边缘接入、数据采集方法。

（4）了解常用的工业互联网边缘计算软件系统。

（5）了解计算卸载、计算迁移技术的概念、特点及应用等。

4. 技术技能

（1）具备工业智能网关、机器人、PLC、软硬件系统和通信网络的安装与调试能力。

（2）熟悉工业自动化系统的功能以及部署架构，如SCADA、MES、ERP等。

（3）掌握工业互联网通信协议配置，如TSN、5G、Modbus、S7、OPC UA、MQTT、HTTP等。

（4）掌握工业互联网设备接入、边缘资源管理、边缘应用管理等工具的配置。

（5）掌握一种智能网关编程语言，如Node-RED，具备良好的代码编写习惯。

6.1.3 工业互联网标识解析系统集成工程师

1. 岗位职责

工业互联网标识解析系统集成工程师主要负责标识解析平台及其功能的开发设计、优化、迭代工作;能够独立完成调研、需求分析，制定标识解析解决方案。

2. 综合能力

（1）熟悉工业互联网体系、工业互联网标识解析体系架构，熟悉标识解析各级节点的建设规范。

（2）熟悉标识解析体系的技术发展趋势，熟悉典型工业互联网应用与标识解析应用结合场景。

（3）具有良好的技术文档编制能力和沟通表达能力。

3. 专业知识

（1）熟悉物品、信息等的编码标准、编码规则、分配规则、管理规则等。

（2）熟悉多种标识载体的特性、应用场景，如条码、二维码、图像识别技术等。

（3）掌握一种标识解析体系相关专业技术，如 Handle、Ecode、OID、IDIS 等。

（4）掌握信息系统架构及 IDC（互联网数据中心）基础架构知识，熟悉网络基础知识，了解 DNS、TCP/IP 协议。

4. 技术技能

（1）熟练掌握 Windows、Linux、UNIX、AIX 等其中一种操作系统，能根据不同应用场景进行系统相关设置。

（2）熟悉服务器、交换机、路由器、存储、安全设备的特性，能根据集成应用场景搭建硬件平台。

（3）了解 MySQL、Oracle、SQLserver、PostgreSql 等其中一种数据库，能根据不同场景对数据库进行数据处理。

6.1.4 工业大数据工程师

1. 岗位职责

工业大数据工程师主要负责工业大数据算法和机理模型研发、建模工具开发，工业数据分级、分类治理和可视化、脱敏等处理。

2. 综合能力

（1）熟悉工业大数据体系架构及其发展趋势。

（2）熟悉工业大数据产业及特点。

（3）熟悉工业大数据业务应用场景和业务流程。

（4）熟悉工业大数据的基础理论。

（5）具备较强的工业大数据相关业务的需求分析识别和任务细化能力。

（6）了解工业大数据应用系统的设计与搭建方法，具备对工业大数据架构选型、数据工程、应用系统集成、应用性能优化等综合解决方案进行制定的能力。

（7）具备良好的解决方案及技术文档编制能力。

（8）具备良好的沟通表达及团队合作能力。

3. 专业知识

（1）掌握数据结构、算法基础、数学建模、数据分析、数据挖掘等知识。

（2）熟悉软件工程设计、开发、测试、部署上线等标准流程。

（3）了解主流工业控制系统、数据采集系统、工业软件系统的工作原理和系统架构。

（4）掌握工业大数据采集方法。

（5）掌握工业大数据分类、分级治理等知识。

（6）掌握数据脱敏的基础知识。

（7）掌握常用的工业大数据分析方法的基本原理、常用算法。

（8）掌握工业大数据算法建模的基本方法。

（9）熟悉工业大数据可视化方法。

4. 技术技能

（1）能通过工业通信协议，如 TCP/IP、Modbus、OPC、S7 等，将工业设备接入网络。

（2）能通过智能网关编程实现工业设备的数据采集。

（3）能使用工业大数据可视化工具实现设备数据的可视化显示。

（4）能对采集的工业大数据进行分类、分级治理。

（5）能使用数据脱敏工具对工业大数据进行脱敏处理。

（6）掌握数据分析工具的使用方法，如使用 Python、Matlab 等进行大数据分析。

（7）熟悉常用的工业大数据算法模型，并能根据业务需求进行模型的修改和适配。

（8）能结合业务需求，对工业大数据进行算法建模，并将模型应用于数据分析。

（9）能结合工业大数据算法模型与机理模型，对工业数据进行分析。

（10）熟悉大数据挖掘、计算框架，熟悉 Hadoop、Spark、Storm 等大数据开发环境。

（11）熟悉大数据相关数据仓库工具，如 Hive、Hbase、MongoDB、Redis 等。

（12）了解常用的各类开源框架、组件或中间件。

6.1.5 工业 APP 开发工程师

1. 岗位职责

工业 APP 开发工程师主要负责工业互联网工业 APP 软件产品的全生命周期研发管理，负责完成产品系统架构设计、详细设计、数据库设计、结构设计和核心模块代码设计编写等工作。

2. 综合能力

（1）熟悉产品开发、产品运营工作过程中的常用技术和编程语言，能够协助高级工程师进行工业应用研发。

（2）具有良好的技术文档编制能力和沟通表达能力。

3. 专业知识

（1）了解工业互联网平台微服务技术体系，以及生产数据、设备数据、环境数据等微服务化处理的专业技术。

（2）熟悉工业 APP 研发设计流程，具备应用业务模型、逻辑规划和功能进行设计的能力。

（3）熟悉工业 APP 测试流程。

4. 技术技能

（1）掌握一种或多种常用编程语言。

（2）熟悉一定的数据分析方法，熟悉常用数据库软件系统的使用。

（3）了解一种以上的开发环境，如.NET、Eclipse 等。

6.1.6 工业互联网解决方案系统集成工程师

1. 岗位职责

工业互联网解决方案系统集成工程师主要负责系统集成方案编制，传感器、PLC、智能网关等硬件的安装与配置，负责软件的开发与部署和系统的联调与测试。

2. 综合能力

（1）熟悉智能化生产规划和行业解决方案，了解智能化生产发展趋势和方向。

（2）熟悉智能化改造项目软硬件系统集成方案和相关技术发展趋势。

（3）熟悉工业企业典型数字化转型升级痛点及对智能化改造的需求。

（4）具备良好的解决方案及技术文档编制能力。

（5）具备良好的沟通表达及团队合作能力。

3. 专业知识

（1）熟悉工业企业生产（线）系统、业务系统等机理模型与底层逻辑。

（2）熟悉网络技术系统基础，了解 TCP/IP、LAN、WAN 以及 NAT 等网络通信协议。

（3）熟悉 PROFINET/Profibus、CAN、Modbus 等工业总线协议，熟悉物联网 MQTT、LoRa、NB-Lot 等相关传输协议。

（4）熟悉 IT 系统技术架构、网络架构、服务器、安全设备、系统软件和数据库等内容理论基础。

(5)熟悉工业互联网安全框架，了解信息安全、功能安全与物理安全的基础理论。
(6)熟悉项目管理、系统集成分析设计工作流程。

4. 技术技能

(1)能按照电气原理图，完成智能网关的安装接线。
(2)能通过以太网接口、串口、I/O口等接口接入工业设备与智能网关。
(3)能通过工业通信协议，如 TCP/IP、Modbus、OPC、S7 等，将工业设备接入网络。
(4)能通过智能网关编程实现工业设备的数据采集。
(5)熟悉常用数据库软件系统的使用。

6.2 工业互联网人才未来

※ 工业互联网人才未来

工业互联网是涉及国家智造、国家安全、国计民生的国家核心竞争力。当前，工业互联网不断颠覆传统制造模式、生产组织方式和产业形态，推动传统产业加快转型升级，带来新的经济增长模式，但是也带来了新的人才培养挑战。根据 2016 年 12 月教育部、人力资源社会保障部、工业和信息化部联合发布的《制造业人才发展规划指南》，到 2025 年，新一代信息技术产业人才缺口将达到 950 万人。当前越来越多的企业面临"设备易得、人才难求"的尴尬局面，所以，要发展工业互联网，人才是关键。

随着 5G、智能网联装备等相关产业技术产品的创新应用及需求不断涌现，工业互联网的应用越来越深入和广泛。工业互联网的应用对各行各业的技术改造、产品更新换代、加速自动化进程、提高生产效率等方面起到了重要的推动作用。整体来看，目前工业互联网行业还处于发展的初期阶段。展望未来，工业互联网在智能化生产、网络化协同、个性化定制以及服务化转型等创新应用领域的发展迫切需要一大批熟悉生产制造流程、熟练掌握 IT/OT 知识、具备跨界协作能力的复合型应用人才。

智能化生产基于工业大数据的建模分析，形成从单个机器到产线、车间乃至整个工厂的智能决策和动态优化，能够显著提升全流程生产效率，提高质量，降低成本。由于智能化生产系统更加复杂，对操作人员的能力要求更高，操作员工必须对整个生产系统有比较深的理解，并能熟练运用各类工业软件进行柔性化生产。

网络化协同借助网络整合分布于全球的设计、生产、供应链和销售资源，形成众包众创、协同制造等新模式，大幅度降低开发成本，缩短产品上市周期。网络化协同要求未来的人才具有较强的协同合作精神和全球化网络对接能力，能够通过网络实现资源的汇聚、整合和充分利用。

个性化定制基于互联网获取用户个性化需求，通过灵活柔性组织设计、制造资源和生产流程，实现低成本大规模定制。实现大规模个性化定制，需要大量具备专业技能、智能制造及工业互联网等知识的复合型工程人才的支撑。在技术创新和产业推广应用中，智能便捷的订单服务、产品数据库的建设和标准制定、产品三维虚拟展示、智能制造、柔性供应链、信息交互和产业链协同运转方面都需要大量的人才对接和支撑。

服务化转型通过对产品运行的实时监测，提供远程维护、故障预测、性能优化等一系列服务，并反馈优化产品设计，实现企业服务化转型。制造业服务化转型需要的是既熟悉制造业务又熟悉服务业务、既精通生产技术又精通商务知识的跨学科复合型人才。

工业互联网是第四次工业革命的重要基石，是推动经济高质量发展的重要引擎。工业互联网的发展关键在于人才。工业互联网人才是新一轮科技革命和产业革命的重要战略资源，也是国家和企业竞争的核心。了解工业互联网人才的发展方向，对于工业互联网人才培养和人才队伍建设具有重要意义。

6.2.1 人才能力提升建议

1. 加强工业互联网人才需求预测，支撑人才政策的科学编制与精准实施

工业互联网人才需求预测是科学开展工业互联网人才培养、引进、选拔和评价等工作的重要依据，在工业互联网人才队伍建设中具有基础性、先导性和全局性作用。为完成工业互联网人才需求预测工作，建议建设国家级工业互联网人才大数据平台，汇聚各区域的工业互联网新基建投入、企业岗位招聘、工业互联网相关专业毕业生情况等数据，通过模型预测人才需求。向社会动态发布工业互联网岗位需求信息，支撑人才政策的科学编制与精准实施，助力高质量就业。

2. 建立工业互联网人才评价体系，指导人才培养改革与能力认证

工业互联网人才评价体系建设是人才培养质量的重要保障，建议从如下三个方面开展工作。一是制定职业和岗位调研制度，定期开展面向工业互联网领域各类企业的调研；二是研制工业互联网人才职业能力标准，引导学历教育和继续教育课程、教材、培养方案等建设；三是开展工业互联网人才认证工作。针对每个典型岗位，建立认证体系，包括认证课程、认证考试、认证授权点等。同时，加强政策支持，加快工业互联网领域相关证书试点。

3. 建设工业互联网人才培养生态，共建人才培养体系

汇聚研究院所、企业、高校、社会团体、产教融合解决方案供应商等，共建全国性工业互联网人才培养生态，各方优势互补、分工协作，共同推动我国工业互联网人才培养的实施，提高人才培养质量与效率。同时，各单位协同完成工业互联网人才培养体系建设，包括如下四个方面。

（1）开发工业互联网课程。

工业互联网系列课程是组织教学实施的基础。建议从工业互联网通识课、工业互联网专业基础课、工业互联网专业课及工业互联网综合实践课四个维度规划和开发课程。

（2）编写工业互联网教材。

面向工业互联网成体系系列教材的出版是相关专业教学课程的保障。

（3）建设工业互联网人才培养实训基地。

实训基地是产教融合的重要落脚点，为高校学生提供贴近产业实践的实训场景，为企业技术人员提供职业技能提升服务。建议企业、高校、科研院所共建实训基地，围绕网络、平台、安全三大体系分别建设专门的实训环境，同时结合工业互联网在行业应用实践案例建设综合实训环境，着重培养IT与OT复合型人才。

（4）加强工业互联网师资培训。

工业互联网师资是落实教学任务、保障教学质量的前提条件。建议对相关专业教师进行工业互联网领域实践类培训，培养一大批"双师型"教师。

江苏哈工海渡教育科技集团有限公司是经过认证的工业互联网能力提升机构，开发了一系列工业互联网相关的装备、教材、课程等。通过培训，学员能阅读方案说明书、操作手册和维护保养手册，理解系统设计需求，并根据机械装配图、气动原理图和电气原理图完成系统安装和上电初检，胜任工业设备的边缘数据采集、智能控制、数据上云、机器视觉应用、数字孪生建模、大数据处理、工业应用开发等工作任务。从而全面提升在校生或工业互联网相关从业人员的技能，使其掌握工业互联网"三体五层"方面的知识要点，能够熟练开展工业互联网岗位相关的应用，使学生或相关从业人员在工业互联网领域拓展了就业方向。

6.2.2 人才能力提升方式

1. 线下学习平台

（1）硬件设施。

线下学习课程按照师资与学员比例1∶10搭配授课，保证了授课质量。理实一体化教学场地总面积超过200 m^2，配备了丰富的实训设备，以及投影仪、计算机等多媒体教学设备。同时，教学场地通风良好，安全措施完善。

（2）培训方案与培训指导。

提供标准的培训指导方案，与学校合作开发课程资源，充分利用本行业典型的企业资源，加强校企合作，建立实习实训基地，满足学生的实习实训需求，同时为学生的就业创造机会。

（3）培训教材与配套资源。

配套教材（工业互联网相关书籍12本）见表6.1。

表 6.1　工业互联网配套教材

教材名称	培训课件	微课	实训项目
《工业机器人入门实用教程（FANUC 机器人）》	48	48	6
《PLC 技术应用初级教程（西门子）》	24	24	6
《工业互联网智能网关技术应用初级教程（西门子）》	32	32	6
《工业互联网数字孪生》	32	32	6
《智能制造与机电一体化技术》	32	32	6
《人工智能技术应用初级教程》	24	24	6
《智能运动控制技术应用初级教程（翠欧）》	24	24	6
《智能机器人高级编程及应用（ABB 机器人）》	38	38	6
《智能移动机器人技术应用初级教程（博众）》	16	16	6
《人工智能与机器人技术应用初级教程（e.Do 教育机器人）》	24	24	6
《工业互联网与机器人技术应用初级教程》	24	24	6
《工业机器人视觉技术及应用》	32	32	6

培训所提供的对应教材主要以理论、实践为主，讲解了工业互联网相关知识体系，学员可通过项目进行实战练习。

2. 线上学习平台

线上培训平台是面向试点院校与参培学员的综合服务平台，包括培训站点申请、培训信息查阅、培训报名、线上学习等。线上学习平台是一套支持教师开展数字化教学、学员自主学习的信息化教学平台，如图 6.2 所示。

（a）PC 端学习平台

（b）APP 学习平台

图 6.2　线上学习平台

基于互联网环境，教师可利用平台进行资源导入、课堂互动、作业、测验等教学组织管理，跟踪反馈教与学的过程数据，同时配备多样化的激励与评价机制，能更好地激发学员的学习热情，实现教学结果的双重评估，轻松教学。

平台配备 PC 端（www.irobot-edu.com）、APP 及微信端，充分满足碎片化学习需要，学员能够在平台支撑下完成线上知识学习。

PC 端为工业机器人教育网，集教学、论坛、商城、资讯等功能于一体，整合了哈工海渡的工业互联网和工业机器人专业教材、教学视频、教学产品、技术交流论坛以及主流的工业互联网和工业机器人核心产品，为工业互联网和工业机器人的学习、培训以及相关自动化产品设计的选型提供帮助。

海渡学院 APP 是江苏哈工海渡教育科技集团有限公司联合哈尔滨工业大学和哈工大机器人集团（HRG）自主设计的先进制造业互动教学平台，平台采用"录播+直播"的课程形式，融合"在线测评、互动社区、新闻资讯、在线商城"等多个功能模块，是工业互联网、工业机器人等行业内领先的免费在线教育平台。

在线学习平台主要有以下特点。

➢ 提供工业互联网、工业机器人领域轻量学习内容，每一块碎片时间都可以被更好地利用。

➢ 丰富的进阶式学习系统，工业互联网、工业自动化系统相关知识可系统性进行学习。

➢ 结合个性推荐、学习任务管理等多项功能，帮助有效提升学习效果。

参考文献

[1] 张明文. 工业互联网与机器人技术应用初级教程[M]. 哈尔滨：哈尔滨工业大学出版社，2020.

[2] 张明文. 工业互联网智能网关技术应用初级教程：西门子[M]. 哈尔滨：哈尔滨工业大学出版社，2020.

[3] 夏志杰. 工业互联网：体系与技术[M]. 北京：机械工业出版社，2018.

[4] 魏毅寅，柴旭东. 工业互联网：技术与实践[M]. 北京：电子工业出版社，2017.

[5] 美国通用电气公司（GE）. 工业互联网：打破智慧与机器的边界[M]. 北京：机械工业出版社，2015.

[6] 腾讯研究院. 互联网+制造：迈向中国制造2025[M]. 北京：电子工业出版社，2017.

[7] 工业互联网产业联盟. 工业互联网体系架构（1.0版）[R]. 北京：工业互联网产业联盟，2016.

[8] 工业互联网产业联盟. 工业互联网体系架构（2.0版）[R]. 北京：工业互联网产业联盟，2019.

[9] 工业互联网产业联盟. 工业互联网术语和定义（版本1.0）[R]. 北京：工业互联网产业联盟，2019.

[10] 工业互联网产业联盟. 工业互联网平台白皮书（2019）[R]. 北京：工业互联网产业联盟，2019.

[11] 中国工业互联网研究院. 工业互联网人才白皮书（2020年版）.[R]. 北京：中国工业互联网研究院，2020.

[12] 工业互联网产业联盟. 工业互联网垂直行业应用报告（2019版）[R]. 北京：工业互联网产业联盟，2019.

[13] 工业互联网产业联盟. 2018年工业互联网案例汇编[G]. 北京：工业互联网产业联盟，2018.

先进制造业学习平台

先进制造业职业技能学习平台
工业机器人教育网（www.irobot-edu.com）

先进制造业互动教学平台
"海渡学院"APP

一键下载
收入口袋

海渡学院APP

专业的教育平台	先进制造业垂直领域在线教育平台
更轻的学习方式	随时随地、无门槛实时线上学习
全维度学习体验	理论加实操，线上线下无缝对接
更快的成长路径	与百万工程师在线一起学习交流

领取专享积分

下载"海渡学院APP"，进入"学问"—"圈子"，晒出您与本书的合影或学习心得，即可领取超额积分。

积分兑换

 专家课程

 实体书籍

 实物周边

 线下实操

教学课件下载步骤

步骤一

登录"工业机器人教育网"

www.irobot-edu.com，菜单栏单击【学院】

步骤二

单击菜单栏【在线学堂】下方找到您需要的课程

步骤三

课程内视频下方单击【课件下载】

咨询与反馈

尊敬的读者：

感谢您选用我们的教材！

本书有丰富的配套教学资源，在使用过程中，如有任何疑问或建议，可通过邮件（edubot@hitrobotgroup.com）或扫描右侧二维码，在线提交咨询信息。

全国服务热线：400-6688-955

（教学资源建议反馈表）

先进制造业人才培养丛书

■ 工业机器人

教材名称	主编	出版社
工业机器人技术人才培养方案	张明文	哈尔滨工业大学出版社
工业机器人基础与应用	张明文	机械工业出版社
工业机器人技术基础及应用	张明文	哈尔滨工业大学出版社
工业机器人专业英语	张明文	华中科技大学出版社
工业机器人入门实用教程(ABB机器人)	张明文	哈尔滨工业大学出版社
工业机器人入门实用教程(FANUC机器人)	张明文	哈尔滨工业大学出版社
工业机器人入门实用教程(汇川机器人)	张明文、韩国震	哈尔滨工业大学出版社
工业机器人入门实用教程(ESTUN机器人)	张明文	华中科技大学出版社
工业机器人入门实用教程(SCARA机器人)	张明文、于振中	哈尔滨工业大学出版社
工业机器人入门实用教程(珞石机器人)	张明文、曹华	化学工业出版社
工业机器人入门实用教程(YASKAWA机器人)	张明文	哈尔滨工业大学出版社
工业机器人入门实用教程(KUKA机器人)	张明文	人民邮电出版社
工业机器人入门实用教程(EFORT机器人)	张明文	华中科技大学出版社
工业机器人入门实用教程(COMAU机器人)	张明文	哈尔滨工业大学出版社
工业机器人入门实用教程(配天机器人)	张明文、索利洋	哈尔滨工业大学出版社
工业机器人知识要点解析(ABB机器人)	张明文	哈尔滨工业大学出版社
工业机器人知识要点解析(FANUC机器人)	张明文	机械工业出版社
工业机器人编程及操作(ABB机器人)	张明文	哈尔滨工业大学出版社
工业机器人编程操作(ABB机器人)	张明文、于霜	人民邮电出版社
工业机器人编程操作(FANUC机器人)	张明文	人民邮电出版社
工业机器人离线编程	张明文	华中科技大学出版社
工业机器人离线编程与仿真(FANUC机器人)	张明文	人民邮电出版社
工业机器人原理及应用(DELTA并联机器人)	张明文、于振中	哈尔滨工业大学出版社
工业机器人视觉技术及应用	张明文、王璐欢	人民邮电出版社
智能机器人高级编程及应用(ABB机器人)	张明文、王璐欢	机械工业出版社
工业机器人运动控制技术	张明文、王璐欢	机械工业出版社
工业机器人系统技术应用	张明文、顾三鸿	哈尔滨工业大学出版社

■ 智能制造

教材名称	主编	出版社
智能制造与机器人应用技术	张明文、王璐欢	机械工业出版社
智能控制技术专业英语	张明文、王璐欢	机械工业出版社
智能制造技术及应用教程	谢力志、张明文	哈尔滨工业大学出版社
智能运动控制技术应用初级教程(翠欧)	张明文	哈尔滨工业大学出版社
智能协作机器人入门实用教程(优傲机器人)	张明文、王璐欢	机械工业出版社
智能协作机器人技术应用初级教程(遨博)	张明文	哈尔滨工业大学出版社
智能移动机器人技术应用初级教程(博众)	张明文	哈尔滨工业大学出版社
智能制造与机电一体化技术应用初级教程	张明文	哈尔滨工业大学出版社
PLC编程技术应用初级教程(西门子)	张明文	哈尔滨工业大学出版社
智能视觉技术应用初级教程(信捷)	张明文	哈尔滨工业大学出版社

■工业互联网

教材名称	主编	出版社
工业互联网人才培养方案	张明文、高文婷	哈尔滨工业大学出版社
工业互联网与机器人技术应用初级教程	张明文	哈尔滨工业大学出版社
工业互联网智能网关技术应用初级教程(西门子)	张明文	哈尔滨工业大学出版社

■人工智能

教材名称	主编	出版社
人工智能人才培养方案	张明文	哈尔滨工业大学出版社
人工智能技术应用初级教程	张明文	哈尔滨工业大学出版社
人工智能与机器人技术应用初级教程(e.Do教育机器人)	张明文	哈尔滨工业大学出版社